生活因阅读而精彩

生活因阅读而精彩

信仰

人生最好的正能量

翻转命运的78个黄金准则

杨 翼◎编著

中国华侨出版社

图书在版编目(CIP)数据

信仰,人生最好的正能量:翻转命运的78个黄金准则 /
杨翼编著.—北京:中国华侨出版社,2012.9

ISBN 978-7-5113-2890-8

Ⅰ.①信⋯　Ⅱ.①杨⋯　Ⅲ.①人生观–通俗读物

Ⅳ.①B821–49

中国版本图书馆 CIP 数据核字(2012)第208827号

信仰,人生最好的正能量:翻转命运的78个黄金准则

编　　著 / 杨　翼
责任编辑 / 严晓慧
责任校对 / 李江亭
经　　销 / 新华书店
开　　本 / 787×1092毫米　1/16开　印张/17　字数/237千字
印　　刷 / 北京溢漾印刷有限公司
版　　次 / 2012年11月第1版　2012年11月第1次印刷
书　　号 / ISBN 978-7-5113-2890-8
定　　价 / 29.80元

中国华侨出版社　北京市朝阳区静安里26号通成达大厦3层　邮编:100028
法律顾问:陈鹰律师事务所
编辑部:(010)64443056　　　64443979
发行部:(010)64443051　　　传真:(010)64439708
网址:www.oveaschin.com
E-mail:oveaschin@sina.com

前　言
QIANYAN

对富裕家庭的孩子,我们常常会羡慕地说:"他(她)多幸运啊,含着金汤匙出生!"可当我们年岁渐长,才慢慢发现决定人生的金汤匙的不是父母、家世背景,而是存在于自己心中的信仰。

美国第三任总统杰斐逊有一次带着孙子乘着马车外出,在路上,有一个黑奴恭敬地向他们脱帽敬礼,杰斐逊见状马上也谦恭地脱帽回礼,但孙子对此却毫无反应。杰斐逊立刻板起脸来对孙子说:"也许你认为那人只不过是一个奴隶,但你怎能容许自己比一个奴隶还缺乏应有的礼节呢?"瞧,这是一个何等有深度、有内涵的爷爷!

杰斐逊那谦逊、认真、良善的身教与态度,深深影响了他的子孙们,他的子孙们后来也都成为相当有成就的人。杰斐逊将什么特别的好处、资产留给子孙们吗?有!不过杰斐逊留给他们最大的资产不是金钱,不是地产,更不是职位,而是他的"信仰"——他的信仰让他成为一个著名总统,也让他的子孙们,甚至是同样传承到那份信仰的人们,都能在各自领域得以"成大器"。

信仰,才是这世间最好的"金汤匙",而不是钱财或物质。

在历史上,许多总统、企业家、名人等,也都是从小因有信仰而让人生

1

变得非凡,他们之中很多人的出身很平凡,但却因有不凡的信仰而伟大。他们的成就告诉你:当你决定过有正确而强大的信仰的"金汤匙"人生时,人生道路就会充满阳光,性格变得开朗、热情;当你决定过缺乏信仰的"铁汤匙"人生时,我们就会和阴暗、仇恨、嫉妒为伍。

英国作家塞缪尔·斯迈尔斯在《信仰的力量》中说:"能够激发一颗灵魂的高贵、伟大的,只有虔诚的信仰。"对于我们来说,人生信仰最重要的就是对爱、诚信、责任、正义、宽容的无悔追求,不断地修炼心智,担当责任,一心向善,最后依靠心灵的力量创造全社会的真、善、美。

本书以五个核心信仰:爱、诚信、责任、正义、宽容,来说明人生最需要的五种礼物,如果你不满意现在的人生,那你一定需要充满信仰的人生观,它们可以帮助你翻转命运;如果你对现在的人生感到满意,也需要充满信仰的人生观,它们会让你的生命更加光明璀璨!

目 录
MULU

{ 第一辑　爱心 }

人世间最伟大的感情是什么?是爱!亲情、友情、爱情……每一种感情都使人铭心刻骨。它们迸发于心底,来自于生活中的点点滴滴、每时每刻。爱,常常是美好的象征,被认为是人类最好听的语言、世间最美妙的音符,人与人之间拥有了爱的维系,才能变得亲近、友好。爱是每个人都应该用心感受,更应该全心付出的一份感动。

第一章　懂爱的人这样想

爱是美德的种子,懂得爱的人从不自私,懂得人与人之间最基本的尊重,懂得付出比得到更有意义。爱需要深刻,需要广博,更需要奉献。如果爱,请深爱。只有我们大家都怀有一颗仁爱之心,世界才会更美好,社会才会更和谐,生命才会欣欣向荣。

第二章　懂爱的人这样做

"予人玫瑰,手有余香。""一方有难,八方支援。"爱——不是一味接受,爱是一种付出,一个懂爱的人更应该学会去爱。爱伟大的国家,爱和谐的社会,爱生养我们的父母,爱教育我们的老师,爱支持我们的朋友,爱给我们磨难的对手,甚至应该去爱身边的每一个陌生人。一个懂爱的人才会感受到这种人间最美的情愫。

第二辑　诚信

每一个人都想要得到别人的信任，信任程度就是别人从内心中对你人格的打分。孔子说"人无信而不立"，诚信，是一个人立于世界上最基本的原则。诚信是一种连接人与人之间的纽带，希望别人诚信地待你，你也有义务去诚信地对待别人。诚信是一把衡量人品的标尺，这把尺子量出了谁自私，谁无私，谁是你的朋友，谁不值得信任……当然，在量别人之前，首先要衡量一下自己。

第三章　讲诚信的人这样想

如果说生命是一颗种子，那么诚信就是浇灌种子的水，拥有了诚信之水，种子才会生根、发芽、开花……亭亭地立在世界上。认真办事，公正无私，这是我们对工作的一种诚信；精诚所至，金石为开，这是我们为人处世的一种诚信；先天下之忧而忧，后天下之乐而乐，这是我们对社会、对国家的一种诚信……

3

第四章　讲诚信的人这样做

诚信是我们立身处世的根本，也是我们一生应该追求的东西。无论在什么情况下，我们都不能放弃做人的根本，为人一定要正直，注重诚实守信。诚实守信是无价的，为了个人利益欺骗别人，最终都将是得不偿失的。因此，做一个诚信的人，堂堂正正地生活在这个世界之下就要与人为信，以身作则，不说空话、谎话，无论在什么处境之下，都要以诚信为本，严于律己地生活。

第三辑　责任

一个人生活在这个世界上，从出生的那刻起就有了一份份责任，人担负着这些责任成长着，学做人，学做事。"一个人能承担的责任有多大，就能取得多大的成功"，责任不应该是一种包袱，而是一个走向成功的阶梯，是每个人都会体会到的一种成就感。履行责任、承担责任不仅是一个人的义务，更是一个人的美德。

第五章　有责任的人这样想

责任不仅是一种承担，更是一种机遇，它能体现一个人的能力，也能展示一个人的人品。一个有责任心的人，会主动寻找每一次承担责任的机会，拥有承担责任的勇气，因为他们相信，责任是机遇，责任可以助人成长，责任可以铸就幸福。拥有了责任心，便会拥有屹立于世界的勇气。

第六章　有责任的人这样做

很多人感叹日月如梭，感叹青春渐行渐远，而自己却始终与成功无缘，但是，他们没有注意到，当机会来临时，他们常常与机遇擦肩而过。一个有责任感的人，才会抓住每个成功的机会，他们会把每个小事都做得很好，从不找任何借口来推卸责任，而且方方面面、时时刻刻践行着自己的责任，于是他们走向了成功。

第四辑　正义

由仁慈引发的仁慈，称之为正义。正义是一个人良知的体现，它承载着一个人为人处事的原则。拥有正义感的人内心公平、公正且英勇智慧，他们的眼中容不得"沙子"，心中藏不下邪恶，他们以最强悍的内心与邪恶进行着斗争，光辉伟大的形象令人赞叹，受人拥戴。拿起正义之剑，让一切邪恶无所遁形，做一个正义的使者，让公道永驻人间。

第七章　有正义感的人这样想

充满正义感的人，从来无所畏惧，他们在邪恶面前依然能够挺起胸膛，因为他们的背后有着强大的真理作为支持，他们正直、公平，有大仁大义，受到人们的拥护。一个畏缩不前，躲在背后指指点点的人，或者懦弱受人欺负的人，在正义的人面前永远无法抬起头来，因为他们缺少了作为人类最基本的品质。

第八章　有正义感的人这样做

一个拥有正义之心的人，并不是像莽夫一样冲动行事，他们具有大智慧，懂得"君子爱财，取之有道"；明白"小胜凭智，大胜靠德"。他们见到邪恶会勇敢地站出来伸张正义,他们碰到有失公平的事,也会主动主持公道。他们从来不会在强权面前低下高贵的头颅,也不会因为利益而出卖朋友。因为,他们拥有一颗闪着烁烁光芒的正义之心。

第五辑　宽容

宽容是生活中最朴实的一种心态,也是为人处事中最有效的一件法宝。宽容的人会善待自己,会拥有一颗快乐的心。宽容并不是被动的认输,也不是软弱,而是一种主动的放弃,不想与他人计较,不想把矛盾激化,不想弄得两败俱伤。"处世让一步为高,退步即进步的根市;待人宽一分是福,利人实是利己的根基。"宽容可以超越一切,它既是一种美德又是一门艺术。

第九章　宽容的人这样想

人世间的许多不幸都源于互相指责和互相攻击,"闲谈勿论人非,静坐常思己过。"一个人如果能经常检讨自己的不足,用一颗宽容的心对待别人,就可避免很多无谓的争吵,就能以安静祥和的心态为自己、为他人创造出一个幸福和睦的生活环境。因此,宽容不仅是一种美德,更是一种成大业的气量,它促进友谊之花绽放,化解凝聚的仇恨之云,最终积攒满满一瓶的幸福与快乐。

第十章　宽容的人这样做

　　石坑中的泥沙是山泉水沉积的结果，而一旦将泉道拓宽，水流加速，泥沙也就不会沉积在石坑中了，同理，人如果把心拓宽，心就会变得干净了。一个懂得宽容的人会以德报怨，会原谅生活，更会站在别人的角度思考问题，他们不会用别人的错误来惩罚自己，更不会计旧恶，因为他们的心中常驻光明，又怎么会受黑暗侵蚀呢！

第 一 辑

爱 心

　　人世间最伟大的感情是什么?是爱!亲情、友情、爱情……每一种感情都使人铭心刻骨。它们迸发于心底,来自于生活中的点点滴滴、每时每刻。爱,常常是美好的象征,被认为是人类最好听的语言、世间最美妙的音符,人与人之间拥有了爱的维系,才能变得亲近、友好。爱是每个人都应该用心感受,更应该全心付出的一份感动。

第一章　懂爱的人这样想

爱是美德的种子，懂得爱的人从不自私，懂得人与人之间最基本的尊重，懂得付出比得到更有意义。爱需要深刻，需要广博，更需要奉献。如果爱，请深爱。只有我们大家都怀有一颗仁爱之心，世界才会更美好，社会才会更和谐，生命才会欣欣向荣。

1

爱是一切被爱的开始，不去爱就得不到爱

俗话说："予人玫瑰，手有余香。"但是，随着现代社会竞争越来越激烈，许多的孩子受社会、家人的影响，喜欢生活在以自我为中心的空间中，失去了原本快乐的生活，因此，他们总觉得自己委屈，总是感觉吃亏。

今天轮到我们擦黑板，结果他却跑出去玩了，只留下我自己来干活；昨天说好了他请客，结果到了冰淇淋店后他又说没带钱；我才不告诉他实话，谁知道他是不是我的好朋友……这些想法是不是时常出现在你的脑海中呢？

哈伯德曾经说过："聪明人都会明白一个真理——帮助自己的唯一办法，就是去帮助别人。"如果你不懂得付出自己的爱，那么你也就会得不到别人的爱，助人即助己，一个充满爱心，不吝啬付出的人，他一定会得到回报。

这是一个关于英国政治家丘吉尔的故事。

一天,一位名为弗莱明的苏格兰农夫突然听到附近的泥沼中有人在呼救,他下放农具赶快跑到泥沼边,原来是一个小孩子掉进了泥沼。弗莱明没有多想,很快把小孩子救了出来。第二天,弗莱明家来了一位绅士,他优雅地对弗莱明说:"先生,昨天您救了我的儿子,我一定要报答您!"

弗莱明立刻回绝说:"我怎么能因为救了您的儿子而接受您的钱呢?请收回去吧。"他推辞着。这时,一个小孩子突然从弗莱明的茅草房中跑了出来。绅士亲切地问:"这是您的儿子吗?"

弗莱明看了儿子一眼,很得意地说:"是。"

"那好吧,这样,我们订个协议,我把他带走,让他接受最优秀的教育,培养成人。如果这个孩子像您一样有爱心,那他一定会成为您的骄傲。"绅士提议道。

弗莱明看了一眼自己的儿子,虽然有点不舍,但对于绅士很诚恳地提出的邀请,不好意思驳回,因此就答应了。

这个孩子长大后发明了盘尼西林,1944 年受封为骑士爵位,并获得了诺贝尔奖,他就圣玛利亚医学院世界闻名的高材生弗莱明·亚历山大爵士。

佛家讲究因果报应、善恶轮回,在现实生活中,也常常出现一些所谓的"因果报应"。试想以下,如果不是当年弗莱明农夫的救人举动,那世界上就会少了两位伟人,而没有那次机遇的话,盘尼西林也不会问世了。因此,如果你用一颗充满爱的心去对待身边的每一个人,那么,你一定会得到同样的爱。

当春风吹来,万物复苏,我们就看到了绿草红花。你的一句爱的叮咛,一个爱的举动,都会像春风一样温暖身边的每一个人,那么你就会欣赏到春天的美景,感受到人们的爱。不要总觉得自己付出太多,收获太少;也不要总觉得自己给予太多,得到太少。牛顿定律力与反作用力之间的关系都

知道吗？人与人相处也是如此，今天你付出爱，总有一天你会得到更多的爱。所谓"世间自有公道，付出总会回报"，说的就是这个意思。

某天夜里，老夫妻俩走进了一家旅店，老头儿对前台说："请给我们一间房。"

"对不起，老先生，我们的客房已经满了。"前台侍者礼貌地说，但当他看到两位老人的一大堆行李和疲惫的神情，于是又补充说，"要不，我想想办法吧……"

时间不长，善良的侍者回来了，他把老人领到一个房间，微笑着说："你们就住在这里吧，时间很晚了，如果找别的旅店一定会很累，这间虽然不是太好，但是还算舒服。"

老人看着干净的房间，点点头表示感谢。

第二天，老人到前台结账，对侍者说："谢谢你，我们休息得很好，请结一下账吧。"

"不用了，老先生。"侍者依旧笑着说，"那个房间是我的屋子，不是旅店的客房，我只是把它借给你们一个晚上。"老人这才注意到前台侍者脸上的微笑有些疲惫，原来他一晚上没睡，在前台值了个通宵。

老人很感动，老头拍拍侍者的肩膀说："小伙子，你是我见过的最优秀的旅店经营者，你一定会得到好报的。"侍者帮老人把行李放到车上，仍旧笑着说："没什么，祝你们旅途愉快。"

之后，他还是做着他的工作，把这件事忘得干干净净。但是，他做梦也想不到的事情发生了。一天，侍者刚一上班，就接到了一封信，信中有一张去纽约的单程机票和简短的留言："请到我们这里来工作吧！"

他乘飞机去了纽约，按照信中标明的地址找到了酒店，顿时眼前一片模糊，不知所措，因为，他的眼前是一座金碧辉煌的大酒店——希尔顿酒店。

这位侍者成了这家希尔顿酒店的首任经理,而希尔顿酒店的投资人就是之前曾经投宿于侍者旅店的老人。

我们付出不是为了回报,但付出之后一定会有回报,只要你真诚地对待身边的每个人,就会像那首歌中唱的"只要人人都献出一点爱,世界将变成美好的人间"。别因为钢筋混凝土的世界待得太久而使自己也变得冰冷,释放封闭的自我,自私的自我,患得患失,斤斤计较的自我,去爱这个世界,你才会感受到世界的爱。

生命的真正价值是什么?人生在世,不过百年,只是享受并不会得到真正的幸福,因为他并不知道什么才是幸福。付出你的爱心,去温暖别人,爱是一切被爱的开始,是生命价值的体现,不去爱就得不到爱,不懂得爱也就不明白什么是爱。

2

爱当基于一种信任,相信爱的存在

佛说,一切皆由心生。现在人与人之间仿佛变得陌生了,人们总是感觉生活很辛苦,社会很复杂,人与人之间变得冷漠了,对门住着却从不打招呼,可能从门镜中早已经认识,在电梯中相遇却像陌生人。妈妈也常常会告诫我们:"不要跟陌生人说话,哪怕他是小区的邻居。"那种"远亲不如近邻"的感觉再也找不到了,人总是从门镜中观察外面,住了几年的邻居都互相不认识。

难道真的是生活变得复杂而冷漠,人与人之间那种最淳朴的爱消失了吗?其实爱并没有消失,而是你的心在慢慢封闭。仔细回忆一下,当与人相

处时你是不是一直在猜疑:有人指出了我的错误,为什么他总是看我不顺眼?有人小声谈话,他们是不是在议论我?……

久而久之,可能一件小事,一句无心的话,都会触动你敏感的神经。这种猜疑的心,会让你自我封闭起来,你会变得越来越敏感,整日提心吊胆,小心翼翼,不相信所有人,变得疑心重重,由此错失很多美景,错过很多朋友,甚至与成功的机会失之交臂。

这是一个发生在外国的故事。一个外出进货的商人得意洋洋地坐在卡车中,心中盘算着这笔生意会带来多少利润。本来他可以不亲自去进货的,但他总是怀疑司机吃回扣,因此每次外出他都亲自押车。

已经是晚上九点了,司机开了一天的车,脸色显得很疲惫。突然狂风大作,山里的天变得就是快,不一会儿便乌云密布,大雨倾盆。卡车在并不平坦的山路中前进着,倏地一道闪电划过,司机猛踩了刹车,卡车斜着撞到了一块大石头上。

商人吓了一跳,赶快低头查看撞车的位置,这一看让他倒吸了口冷气,车头的一只轮子已经悬在了悬崖上,如果他开门走出去的话,那么他就会掉下悬崖了。司机在撞车的一刹那,已经跳了出去,商人吓得一动也不敢动,虽然不知道悬崖有多深,但他是又怕又气,气司机甩下他一个人跑了。

突然,外面响起了司机的声音:"先生,你快下来呀!"

商人更是生气!"难道他想让我掉下悬崖,然后自己把车开走发财吗?"商人想着更加地气愤,但仍一动也不敢动。

司机说:"先生,我们的货被人搬走了,你快下来看看吧!"

"什么?鬼才信你!"商人想冲着司机大喊,"你走吧!"

无论司机怎么劝,商人仍是一动不动地在车里坐着,虽然他的腿已经僵直了,但是他仍坚持着。

商人一夜都僵直地坐着,天亮了,他低头看了看窗外,突然,他发现车并没有悬在悬崖上,而是陷进了水洼中,他松了一口气,打开车门,准备下车。但是,商人突然发现自己的双腿不能动了,因为长时间地紧张状态,他的腿已经不听指挥了。

商人大喊救命,司机睡眼朦胧地跑到他面前,小心翼翼地把他背下来,放在石头上,说:"先生,您稍等下,我们等个过路的车。我就说让您下来吧,昨天这儿停了很多车,我们集装箱的门又坏了,我们掉的货被他们捡走了不少,可您不下来。我想,那些货肯定是要不回来了,所以我就在这儿守着剩下的货物过了一夜。"

商人看了看掉了的半个车门和司机红红的眼睛,一时不知道该说什么。

"菩提本无树,明镜亦非台,本来无一物,何处惹尘埃?"商人本来可以很轻松地坐在家中等货物,事故发生后也可以把损失降到最低点,但是,他却处处猜疑,最终货物丢了不少,自己也落得个身心疲惫。

人为什么会猜疑呢?这是因为爱的缺失,因为感受不到爱,所以总会有莫名的恐惧感和不安全感。猜疑是对别人的不信任,它是像硫酸一样腐蚀着人的精神,让人以自我为中心,丧失理智,总以片面、自我的思维逻辑来主导自己的推理,做出一些毫无根据的结论。想想吧,司马懿因为猜疑心才中了诸葛亮的空城计,如果你在生活中总以猜疑、不信任的态度处事,那么朋友们也会因为你的过于敏感而与你疏远。

姜华毕业于人人羡慕的某名牌大学,名牌大学的光环让姜华在职场上无往不利,再加上她出类拔萃的工作能力和兢兢业业的工作态度,毕业三年后就已经在业内小有名气。但是,这三年中,她一共跳槽八次,有的公司她连一个月都没待下来就离开了。

这次,姜华又开始在求职网上发信息了,让本来就对她频繁换工作担心的父亲更忧心了,他语重心长地问:"女儿,三年换了八份工作,为什么总是想要跳槽呢?公司不用你了吗?"

"不是的，都是我主动要求辞职的。"姜华一边发信息一边说。

"为什么要辞职呢?你这是又想辞职吗?"

"对,我找到新工作后马上辞职。"姜华转身气呼呼地说,"爸爸,我真不知道那些人都在想什么!"于是,姜华把在公司的情况讲给父亲听。

姜华这次就职的是一个大公司,她凭着自己出类拔萃的表现,不到3个月便升到了管理层。自从升职后,她觉得周围的一切都变了。老板总是对她怀疑、挑剔,甚至故意刁难、排挤;同事们有时候聚在一起小声说话,只要姜华一去便不说了,姜华认为他们一定在对自己指指点点;朋友也疏远了她;甚至连下属也不知道在谁的指使下故意降低业绩,让她完不成任务。

"所以,我不能忍气吞声了,我要辞职!换新工作!"

"你之前的辞职是因为什么呢?"父亲点点头,继续问。

"只要我一升职,或者做出点什么突出业绩,他们就开始找茬儿。就说上个公司吧,我刚升职,老板便给安排了助理,表面上是协助工作的,谁不知道呀,明明是派来监视我的。所以我才不在那样的老板手下工作呢!"姜华气得涨红了脸。

父亲笑笑说:"女儿呀,相信自己,你会变得出色;相信别人,你会变得快乐呀!"

"相信自己,你会变得出色;相信别人,你会变得快乐。"父亲的话一语中的,姜华之所以不停地跳槽,是因为她觉得工作中得不到快乐,公司中得不到爱,难道真的是这个社会变得冷淡了吗?其实最根本的原因还是在于人心,因为姜华的敏感多疑,让她在职场上频频受挫,成了她事业发展的最大障碍。

因此,当觉得世界变得冷淡时,请冷静下来思考下,看看是不是因为自己的猜疑而把爱拦在了门外。试着用信任代替猜疑,爱是在信任的基础上建立的,相信有爱,爱便会围绕在你身边。

3

爱不是占有，得不到尊重的爱不叫爱

夏天到来，花丛中百花齐放，你有没有因为一朵过于美丽，而把它折下？琳琅满目的商场，商品绽放的夺目的光彩，你有没有因为一件过于新奇，而把它买下？认识多年的朋友，在你生命中占有重要位置，你有没有因为太过关心，而令他不知所措？

花被你折下，它便失去了那独特的美丽，枯萎后可能就被你丢进了垃圾桶；商品买下，你却只捧在手中欣赏失去了它自身的价值，等看腻了它便被你遗失在角落；而那个你所谓用生命去爱的朋友，他可能会被你的爱束缚到无法喘息。爱不是占有，每个人都有自己的尊严，不能用你的喜怒哀乐而左右别人的生活。

曾经有一个故事，小男孩从森林中捉了一只可爱的小鸟，捧了回来，得意地对妈妈说："妈妈，你看！"

妈妈看着儿子得意的表情，问："小鸟受伤了？还是你捉到了它？"

"我捉到的！我好不容易等到大鸟飞走了，就爬上了树，把它捉了回来！"儿子仿佛在夸耀自己的功绩。

"为什么要捉它回来？"妈妈问。

"因为我喜欢它，妈妈你看，它多可爱呀，我要把它养在漂亮的笼子里！"儿子说完，就把小鸟塞进了准备好的笼子。

过了两天，儿子满脸不高兴地问妈妈："妈妈，小鸟怎么不叫了呀！而且羽毛也不好看了！"

妈妈拍拍儿子的头说:"孩子,那是因为它不高兴了!如果你真的喜欢它,就把它放了吧,笼子再漂亮它也不喜欢,因为它需要自由!"

"喜欢它,就把它放了吧!"这位母亲的确说出了小鸟的心声。无论是动物还是人,都有自己的生存方式,但是很多人总是以"爱"的名誉去改变别人的生活。那样自私的爱不叫爱,真正的爱,不是非得满足自己,以自己的主观思想为标准,而是站在对方的角度,尊重对方的想法,考虑周全。

在尊重为基础上建立的爱才是真正的爱,让小鸟回到蓝天,让它自由地飞翔;把花朵留在树丛中,让它尽情绽放美丽;把商品留给需要它的人,让它证明自身的价值。善待别人,就是善待自己,一个不懂得尊重别人的人,也永远不会得到别人的尊重。别因为爱,就想办法占有;别因为爱,就有太多强求;别因为爱,就忽略彼此感受。"己所不欲,勿施于人"的道理每个人都明白,但己所欲也不可强加于人呀!

爱他,就要尊重他;爱他,就要给他自由。得不到尊重的爱称为施舍,谁又愿意接受别人施舍的爱呢?

4

要坚信,爱到极致必是一种包容

《论语》当中有这样一段,子贡问曰:"有一言而可以终身行之者乎?"子曰:"其恕乎!"孔子的一个"恕"字道出了为人处世的真谛,用现在的话来讲就是宽恕,宽容,包容。"严于律己,宽以待人"是每个成大事者必备的品质,它既是一种美德,又是一个人自身修养的体现。

弥勒佛总是袒胸露乳,笑容满面,"笑口常开笑世间可笑之人,大肚能容容天下难容之事。"这是一种什么样的情怀呀!我们常常因为一些小事而向朋友大发脾气,我们也常常因为对手的挑衅而生闷气,其实,我们何不转变一下思想,包容朋友,宽容对手,因为,每一个成为英雄的伟人都有一颗"容天下的心"。

一个人通过一生的打拼积累下了无数财产,成为了亿万富翁,但是,现在已经年过古稀的富翁遇到了一件让他犯愁的事:他有三个儿子,但企业只能交给一个儿子管理,至于留给哪个儿子,他很为难。

在想了很多天后,他终于想出了一个办法,他要给三个儿子进行一场考试,最优秀者会得到企业的管理经营及所有权,而其他的儿子只得到一定数额的财产,不再享有股份。于是,他把三个儿子叫到办公室说明了自己的想法,并强调说:"孩子们,这个公司是我这辈子最珍惜的,所以要交给最可靠的人。"

三个孩子接到了父亲的试题,他们三个去周游世界,哪个人做的事情最高尚,企业的经营管理及所有权就是这个人的。时间一点点过去了,一年的时间,三个儿子陆续回到了家。他们在富翁面前讲起了自己这一年多的经历。

大儿子自以为完成了任务,得意洋洋地说:"我在旅行期间做了无比高尚的事。一次,我遇到一个猎手,我们聊得很投缘,完全是一见如故的样子。他特别信任我,在出外打猎时把他随身携带的传家金锁托给我保管。但是之后,他却失踪了,后来人们在野狼出没的地方找到了他的尸骨,我并没有把他的金锁占为己有,而是找到了他的家人,交给了他的儿子。"

二儿子不屑地看了一眼大哥,说:"这算什么!我路过一个很穷的村子时,救了一个失足落水的小乞丐,并给了他家人一笔钱,让他不再乞讨,过上衣食无忧的日子。

富翁听了两个儿子的话,点点头,看向三儿子,三儿子看上去有些黯

11

然,富翁问:"难道你没有做高尚的事吗?"

三儿子点了点头,说:"嗯,我的确不像哥哥们运气这么好,我刚一出去就碰上了一个坏人,他开始表现地很和气,可是后来露出了狐狸尾巴,他是看上了我的钱,他策划了很多次阴谋想要谋财害命,我险些死在他手里。后来,他不知道在外面惹了什么事,在医院中昏迷不醒,当时我正在医院里做义工,只要拔掉他的氧气管子他就没命了,不过我想了想没那么做,而且还帮他给他交了抢救费和住院费。他醒后,对我千恩万谢,像变了一个人似的,对我特别好,我们一起周游世界。只有这一件事让我印象深刻,没有什么高尚的事儿了。"

两个哥哥听完,都很得意,以为三弟必输无疑了,可是富翁听完却点了点头,说:"孩子们,什么是高尚?诚实与助人是每个人都应该有的品质,而在有机会报仇的时候却放弃了,没有趁人之危,原谅了仇人,包容一切的心才是高尚呀!所以,公司的继承人就确定为老三了!"

三儿子得到了富翁的财产,因为他有一颗包容一切的心。宽恕是一种勉励、启迪,它能催人弃恶从善,使歧路人走入正途。如果我们总会记住仇恨,那么就不会看到温情,仇恨的怒火最终会把别人烧毁也会把自己烧伤。莎士比亚说:"不要为你的敌人燃起一把怒火,结果烧伤的是你自己。"

包容之心,像阳光般照耀着自己,也温暖着别人的心田;包容之心,像细雨般滋润着自己,也感动着别人的内心;这个世界太渺小了,人与人之间难免有磕磕碰碰,如果总是斤斤计较,以小人之心度君子之腹的话,那么最终受伤的只会是自己,因为你会觉得每个人都在疏远你,感觉不到人与人之间的那份温情。

鸡足山是一座世界闻名的佛教"圣山",它在云南宾川境内,在山的第一座关隘前,有一座著名的"洗心桥",这里有一个美丽的传说。

相传,当年金华长老在这里修行,有八个杀人越货的强盗来到此地,他们抢劫了鸡足山的宝藏,被官府捉拿,并准备在鸡足山下凌迟处死。金华长老得到消息后,出面请求官府放强盗一条生路,并在洗心桥下用净水洗去了强盗八颗邪心的颜色,使他们全部还原成红色。

八个强盗的心变成红色后,对之前的所作所为懊悔不已,幡然悔悟,于是在鸡足山出家,成为了守山护寺的和尚,最后修成正果。

世传金华长老曾有偈语:"大慈大悲度众生,洗心桥上洗邪心。是非恩怨从此了,净水一滴悟道真。"金华长老有着博大的胸怀,心存万物众生,他以一颗包容之心洗净了八个强盗的邪恶之心,使他们走上正途,这是何等的大智慧呀!

金华长老没有把爱众生停在口中的佛号上,而是以一颗宽容之心时刻践行着。只有懂得宽容的人才是幸福的,因为爱的极致必是包容。

父母爱你,他们包容你犯下的错误,你的顶嘴让他们寒了心,可他们仍然发自肺腑地爱着;朋友爱你,他们包容你一切的言行,你的骄纵让他们伤了心,可他们仍然留在你的身边;世界爱你,他包容下你的所有,你的埋怨让他不知所措,可他仍然化作阳光、空气围绕在你身边。

学会包容吧,那可以让你的心胸更加广阔,把这个世界看得更加透彻,对这个世界的爱也会更加深沉。人间处处有真爱,不要因你的任性、骄纵而失去了享受爱的机会。

5

默默奉献，这当是爱的一种代价

每天早晨上学时，总会遇到一些身穿制服的清洁工，他们比上早自习的学生起得还要早，挥动着扫帚，数年如一日辛苦地劳动着。每天来到学校，总会看到已经到达学校的老师，他们早已经打开办公室的门，整理好授课资料，等待着上课铃的响起，如蜡烛般地奉献着。

奉献是一种无私的精神，是爱的体现。它不应该只停在口头上，而应该身体力行地做起来，当每个人都奉献一点点，聚集起来就是一片大爱的海洋。奉献能让世界凝聚力量，这种让世界充满爱，社会更和谐，生活更美好。

在很久以前，一位国王特别宠爱他的儿子，总是想方设法地满足儿子的一切要求，哪怕儿子想要上天去摘月亮，国王也会立马派人去。可是，儿子却整天愁眉苦脸的，一点笑模样都没有，因此，国王在全国发布告：谁能让王子快乐起来，会派发一大笔金钱作为奖赏。

布告发了很多天，没有什么动静，正当国王极其失望的时候，一个魔术师来到了王宫。魔术师很有信心地对国王说："我能让王子殿下快乐起来！"

国王虽然将信将疑，但他也算看到了希望，因此，高兴地说："如果你能让王子快乐起来，那么除了许诺的金钱外，我还可以答应你的一切要求。"

魔术师点点着，他觉着地来到王子身边，对王子悄悄说了句什么，王子就跟着他来到一间密室中。魔术师低下头，用一种白色的东西在纸上写了点什么交给王子，称那是快乐的处方，他让王子走进另一间暗室，点燃蜡烛，注意纸上的变化。

王子独自走进了暗室，点起蜡烛，凝视着纸张，在烛光的映照下，纸上慢慢出现了两个清晰的小字——"奉献"。

王子请教了国王，国王说："奉献大而言之是为他人付出，小而言之，就是每天为别人做一件好事。"王子按照处方和国王的解释，天天为他人做好事，每当看到那些人向他微笑时，他的心情也会变好，从此，王子的脸上挂着幸福的微笑。

王子受魔术师点化，找到了幸福的真谛，最终快乐起来。"奉献"落在纸上只是两个小字，挂在嘴上只是一个口号，可落到行动中却是一种精神，是一种能让人得到精神满足和心情愉悦的精神，每当你为他人付出时，你的心也会在别人的微笑中得到满足，为他人付出你的爱，你也会收获相同的爱。

当我们帮助他人时，会给他人带来幸福，而通过这一途径，我们也体会到了相同的幸福。奉献是一种付出，更是一种甜蜜的爱的代价。

有人说：一味奉献的人傻，现代社会人人都很自私，只有他一个人奉献，难道不是傻吗？爸妈也常常说，在学校长个心眼儿，别让别人当傻子一样利用！这种说法层出不穷，的确，现代社会人变得自私起来，但自古至今，哪有一位自私自利的人能成大事？的确，有些人一味地索取，可你注意观察一下，他们的脸上什么时候流露出过幸福的微笑？

著名心理学家荣格说："我的病人中，大约1/3都不是真的有病，只是由于他们的生活没有意义和太过空虚。如果他们愿意去帮助别人，学会奉献自己，那么他们也就不需要什么治疗了。"

有些人，在言语中常常以自我为中心，美国加州心脏病研究者史崔维兹博士曾经说："在说话中常常说'我'的人较容易得冠心病。"因为他们太过于追求自我的得到，当外界环境不顺应他们的心理时，心脏便难以承受，诱发心脏病。因此，史崔维兹博士提出："爱邻居如爱自己，你关心别人时就会感觉到自己不孤单,而你对别人的关心越多,你就会得到别人更多的关爱,你的心脏就会很强健。"

洛克菲勒是 20 世纪美国著名的石油大王,但是当他刚过半百,就得了神秘的脱毛症,他的头发全掉光了,甚至连眼睫毛也脱落了,他的脸色发黄,只留下了一条淡淡的眉毛,活像一个木乃伊。是什么原因让如此富有的洛克菲勒得了这种怪病呢?洛克菲勒一直认为是对事业的忧心和高度紧张的生活造成的。

他的朋友说:"洛克菲勒在 23 岁就开始全身心地追求他的目标了,除了生意上有所进展的好消息外,几乎没有一件事能让他微笑。每当他做成一笔生意,或者赚到了钱的时候,他才会显得很兴奋,甚至像个孩子一样手舞足蹈。但是如果生意失败了,或者损失了,他的脸上会马上阴云密布,甚至大病一场。"

年轻的洛克菲勒的确一心扑在了生意上,他生性多疑,几乎所有认识他的人都很少乐于与他接触,就连他的亲弟弟也对哥哥很反感。可以说,洛克菲勒几乎是众叛亲离,他也因无法承受人们对他的仇视而忍受着精神的折磨,最终身体出现了问题,他只好在事业和生存之间选择一个。

洛克菲勒选择了生存,他接受了医生的治疗,开始深刻地反省自己,从那以后,他时刻为他们着想,甚至停止了自己的事业,把以前储蓄的资金投在了助人上。他不仅大笔地向外捐钱,而且还成立了一个庞大的国际性基金——洛克菲勒基金会,这个基金会的主要目标是帮助世界各国受病症折磨的人,以及减少文盲。

在这个过程中,洛克菲勒体会到了前所没有的快乐与满足,之后,虽然他的公司因垄断遭到了惩罚,但他不再失眠,也不再发脾气了。洛克菲勒通过助人得到了快乐和满足,身体状况逐渐好转,过半百时已经被宣布无救的洛克菲勒直到 98 岁时才去世。

洛克菲勒及时的醒悟过来，不在乎自己百万富翁的身价而以一颗服务的心态奉献自己，最终赢得了自己的健康以及世人的敬仰。因此，一个人的成功与他的地位显赫与否、财富多少并没有直接关系，地位和财富只是一时拥有的，最终会消逝在历史的长河中，而那些为别人创造价值，为人类的文明发展做出积极贡献的人，拥有一颗服务、奉献的心的人，像洛克菲勒一样的人，才算是成功之士。

印第安人在评价首领是否伟大时，主要看他有没有慷慨奉献的精神。在他们文化传统中，所有的东西都是可以共享的，单纯的获得并不重要，而首领是否令人敬仰，是否成功，主要取决于他对这个部落付出多少。

爱是伟大的，爱的奉献更是一种高尚的情操。人生短暂，要想让人生精彩，有意义，那么风险的精神是绝不可少的。要知道，奉献是爱的代价，更是甜蜜的负担。

6

家国天下，爱家更要心系天下

欧·亨利最著名的小说《麦琪的礼物》写出了一个因爱而产生的伤感故事，妻子剪掉了头发，为丈夫的金表买来表链；丈夫卖掉了金表，为妻子美丽的头发买了发梳，结果他们互相赠送了没用的礼物，但他们却得到了世界上最珍贵的爱。有爱就是幸福，有爱的人比有钱人更富有。

爱让家更幸福，夫妻之间的爱情，父母与子女的亲情，兄弟姐妹间的手足情，这丝丝爱的线让家人相拥，凝聚，组成了一个个小小的社会单元。每个小单元组成一个庞大的家庭，那就是国家。前苏联作家苏霍姆林斯基说过:"热爱祖国,这是一种最纯洁、最敏锐、最高尚、最强烈、最温柔、最无情、最温存、最严酷的感情。一个真正热爱祖国的人,在各个方面都是一个真正的人……"可见,爱需要广博,在我们的历史中,有无数伟大的人,他们总是把爱放大,进而心系天下。

清朝末年,我国派出了第一批出国留学生。他们都是些少年,其中有个才12岁的少年叫詹天佑。詹天佑十分聪明好学,在他心中有一个志向,就是在国外学习先进技术之后,回国效力。

之后,詹天佑学习了工程技术,毕业后回到了祖国的怀抱。但是,清朝政府对本国人才十分不信任,虽然詹天佑学业成绩十分优秀,但是像修铁路,搞建设之类的工作还是让外国人主持。因此,詹天佑虽然很有才干,也只能在外国人手下做助手。

1905年,清政府准备修建北京到张家口的铁路的消息传开了。英国和俄国都争着要修,因为他们知道这条铁路拥有重要的战略意义,掌握了它就能控制中国。双方争执不下,最后达成"协议",说中国如果不让他们修,他们就什么也不提供。他们以此来要挟中国,因为他们觉得中国人离开他们肯定就修不了铁路。

清政府在极其无可奈何的情况下派出了詹天佑,让他担任总工程师。当时,人们开始纷纷议论,把"不自量力","胆大包天"之类的词都加在了詹天佑的身上,朋友也劝他不要承担这项"费力不讨好"的工程。

但是,詹天佑却说:"京张铁路如果失败,不只是我一个人的不幸,也会给祖国带来不幸。那样,外国人说中国工程师不行的言论就成功了,中国人永远不可能在世界上抬起头来。所以,我一定要成功!"

詹天佑带着"气"——带着中国人的骨气,带着为中国人争光的傲气,全身心地投入到了就张铁路的建设中。他身为总工程师,不但没日没夜地钻研图纸,而且还和工人们吃住在工地,实地勘探,大胆试验。经过4年的艰苦劳动,京张铁路终于通车了。

这是中国人自己设计施工的第一条铁路,极大地鼓舞了全国人民的志气。詹天佑为祖国赢得了荣誉,原来那些瞧不起中国工程师的英国人也表示对他由衷敬佩。

詹天佑可以不冒风险,保全自己,但他却顶着万难前进,就是为了中国人争一口气,这是一种骨气,每个人都应该有的骨气。

像詹天佑这样的人还有很多,桥梁专家茅以升放弃美国的优厚条件,回到了当时贫穷落后的祖国,当时美国人劝说:"科学是没有祖国的,是超越国界的。科学家的贡献是属于全人类的。中国条件差,你留在美国贡献会更大。"但茅以升却拒绝了,他说:"科学虽然没有祖国,但是科学家是有祖国的。我是一个中国人,我的祖国更需要我,我要回去为祖国服务!"

列宁说:"爱国主义就是千百年来巩固起来的对自己祖国的一种深厚的感情。"热爱祖国,是千百年来人们积淀的深厚感情,中华民族有着悠久的文明,其中爱国主义,心系天下的情怀更是流淌在每个中华儿女的血液中。

战国时期的赵国,有一位出名的武将名为廉颇。他不但武艺高强,箭法出众,还善于用兵打仗。秦国、齐国这些大国常来攻打赵国,赵王用廉颇为统帅,多次打败了敌军。敌军听到廉颇的名字,都很害怕。

于是秦国使用了离间计,陷害廉颇,赵王果然中计,认为廉颇老了不中用了,所以派出青年将领赵括出战。但是,赵括这个人只会纸上谈兵,而且骄傲轻敌,使得赵军打了大败仗,险些亡国。

赵王无奈之下,想重新启用老将廉颇,于是,派出使者去看一看老将军身体怎么样,是否还可以为国效力。廉颇本就打算再上战场,见赵国使者到来,为了表示自己威风不减当年,还能上阵打仗,为国立功,他一顿饭就吃了一斗米、十斤肉。吃完了,又披上铠甲,跃上战马,拉弓射箭,舞枪刺杀,果

然身手不凡。

使者走了以后，廉颇日夜盼望赵王的命令，可一直没等到。原来那个使者接受了一个叫郭开的坏人贿赂，故意在赵王面前进谗言，说廉颇虽能吃，但吃完后一会儿就拉了。赵王听了，认为廉颇真不中用了，就不再启用他。

廉颇为赵国的安宁奋斗了一生，晚年仍希望为国出力，对人说："我真想有一天，还能率领赵国的兵士冲锋陷阵啊！"

只要一息尚存，就要全身心地报效祖国，这就是爱国英雄们的本色。

有国才有家，爱国更是爱家。中国人经历了"东亚病夫"的年代，得到了"落后就要挨打"的深刻教训，因此，每个中国人心中都对祖国有着深沉的爱。我们常常把祖国比喻成为母亲，祖国母亲给予了我们太多的爱，她富强，她强大，她是屹立于世界的东方的一颗璀璨明珠，为每一个中国人所骄傲。

当我们面对五星红旗时，总有一份激动，这面用烈士的鲜血染红的旗帜飘扬在每个中华儿女的心中；当我们唱起国歌时，"起来！起来！起来！"的呼唤让我们昂首挺胸，才领悟到国富则民强。我们这一代人，作为强大的中华人民共和国的朝阳，有责任也有义务把祖国建设的更加美好。

7

爱就要爱彻底，大爱之人才真正懂爱

爱家人、爱朋友、爱身边一切关心爱护我们的人并不难，可是，你在索取这些爱的时候付出了多少？你可以用生命去爱吗？我们自出生来到这个世界上，要走过无数的地方，遇到无数人，有些人的确有爱，但爱得自私，如果一个陌生人向你伸手索取时,你会怎么样?如果经历生死考验时,你还能坚持爱下去吗?

汶川地震中留下了许多爱的篇章,陈浩同学奋力推开同学,自己却被埋在瓦砾下面;张米亚老师用双臂护住两个学生,孩子安然无恙,老师却永远离开人世;302医院的医护人员把被地震夺去双亲的孤儿当成自己的孩子一样照顾,被孩子们唤作"爸爸,妈妈"。什么是爱?爱是无私的,是伟大的,是至高无上的,更是用生命去爱身边的一切,拥有大爱之人才懂得爱的真谛。

白雪皑皑的大森林中的寒风要比平时更加猛烈,路易丝太太坐在火堆旁满面愁容,身边孩子们边说边笑,他们还小,不知道妈妈现在心中的愁绪。

路易丝太太回忆着这一年多的事情,丈夫死了,大儿子也在一次打猎中失踪了。对于猎户家庭来说,没了男人就等于这个家垮掉了,这一年多来,她和年幼的孩子们一直以野菜为生,今天他们在火堆旁烤着最后一块肉干。

这时,远处传来一阵杂乱的马蹄声,小儿子赶快站起身来张望,他虽然只有5岁,但是已经明白自己是家里唯一的男丁了。一个衣衫褴褛的人出现了,一看就是跑了很远的路,马也累得东摇西晃了。陌生了人看到路易丝太太,像见到救星一样,从马上下来,应该说从马上掉了下来,他说:"太太,请给我口吃的吧,我已经五天没吃东西了。"

路易丝太太看着可怜的陌生人,心酸痛起来,她想起了失踪的大儿子。拿起了火上烤的肉干,这时,只有3岁的女儿似乎明白妈妈要干什么,"哇"地大哭起来,其余的两个孩子也抿着小嘴,看着妈妈。

路易丝迟疑了一下,但还是把肉递给了陌生人。小女儿哭得更凄惨了,陌生人才注意到,这位陌生太太的身边除了这块肉外,没有任何食物。他说："太太,难道这是你们所有的食物吗?"

路易丝点点头,抱起了小女儿安慰着。

"那为什么还要把它给我?你们怎么办?你把你们最后的食物给一个陌生人,不觉得委屈了孩子们吗?"

路易丝太太示意陌生人放心地把肉吃了,说："我不能因为自己的孩子而放弃一个将要饿死的人呀!"她擦了擦女儿脸上的泪水,对女儿说："孩子,别哭了,妈妈会给你找吃的。你的哥哥不知道在什么地方,我只希望如果他也遇到一位好心人,把他收留下,别让他饿死。"

陌生人问："您的大儿子在外面吗?"

"是的,"路易丝太太伤心地说,"他失踪了,如果上帝没有把他带走的话,他也许像你一样在外面流浪,我这样对你,希望上帝看到,也派一个人这样对他吧!"

"妈妈!"陌生人突然扑到路易丝太太的怀中,激动地说,"妈妈,我就是您的儿子呀!我迷了路,被一个好心人收留,而且教了我技术,现在我已经能自己劳动挣钱了。我这次回来怕路上遇到坏人,就打扮成这样了。"

路易丝太太惊讶地擦去陌生人脸上的泥,真的是自己的儿子,她抱起儿子,激动地说："谢谢上帝呀!"

路易丝太太以一颗慈悲的心谱写着爱的乐章,而儿子的平安归来就是对她这份爱的最大回报。她没有因为即将挨饿的儿子,而放弃救助一位濒临死亡的陌生人,这就是一种无私的大爱。

真正的爱,会让你觉得健康之美,是一种感恩、一种勇敢的担当、一种心灵的交融和一种不计个人得失的包容,真正的爱是一种无言的,深刻的,彻底的大爱。

抗日战争期间,中国著名建筑师梁思成一家曾经背井离乡,全家逃亡。因为,他不想被日军所利用,他憎恨日军的侵略。

但是，因为日军侵略而离家的梁思成，竟然在 1944 年盟军制订"地毯式轰炸"日本计划的前夕，拜访了盟军上校，目的是希望在轰炸时，能保留日本古都——京都和奈良的一批建筑文物古迹。

盟军上校对此十分不解，他知道梁思成对日本已经达到深恶痛绝的程度，为什么会主动地要求保护日本的古迹呢？梁思成看着满脸狐疑的上校说："从个人角度出发，我恨不得请你们把日本炸成平地，但是，我是一名建筑师，对于建筑师而言，日本的建筑是绝无仅有的，它不是一个民族的私有财产，而代表着人类的文明与智慧，如果你们把它炸毁了，那么历史永远无法修补了。"

梁思成的话让盟军上校十分感动，因此，日本古都——京都和奈良虽然经历了轰炸，但其中的古迹被完整地保存了下来。

梁思成保全了人类文明的见证，对他而言，这是一种"大爱"，是超越了个人的荣辱和恩怨，上升为一种智慧和无私的爱。当一个人能够更多的考虑和关爱他人，尤其是陌生人时，他的爱就已经升华；当一个人能够舍弃个人的爱恨，站在更高的立场上看待问题时，大爱就产生了。

高尔基说："没有太阳，花朵不会开放；没有爱，幸福便不能产生。"而一个真正懂得爱的人，是让小爱升华为大爱的人，这样的爱才深刻，才彻底。

8

爱你所爱，用感恩来表达

你在生活中常常使用"谢谢"这个词吗？每次说出"谢谢"时，是随口而出呢，还是由心而发？当妈妈做好了早饭等你起床时，你有没有说声"谢谢"；当爸爸天天一下班就赶紧到学校接你放学时，你有没有说声"谢谢"；当朋友把好吃的东西分给你吃时，你有没有说声"谢谢"……

"谢谢"看似只是一个词语，但是，它却是由心而发的感激，人生活在这个世界上，就像茶叶，世界就是一杯清水，当你经过水的浸泡而舒展开叶子，展现美丽时，你也把清水变成香喷喷的茶水，这就是感恩的作用。生命因感恩而精彩，心灵因感恩而温暖，感恩身边的人，爱你所爱的人，爱一切爱你的人！

一个十分寒冷的夜晚，可怜的推销员仍在大街上转来转去，看起来他的工作一点儿也不顺利，现在满脸的愁容，显得疲惫不堪。他再次抬手敲开了一家的大门，整了整领带，尽量显得精神一点儿。

开门的是一位中年妇人，她并不需要推销员的物品，但是，当她看到推销员憔悴的面容时，还是开了门。她亲切地把推销员让进客厅，泡了一杯热咖啡。推销员手里握着咖啡，眼睛里流出了感动的泪水。

这对妇人来说是一件平常的小事，很多年过去了，她早已经把这件事忘记了。后来，她的丈夫因为公司破产而受到了巨大打击，进入了精神病院，她也因为着急而病倒了。后来，她被确诊为心血管狭窄，需要做手术。家中的积蓄早已经为了挽救公司而用光了，房子也顶了公司的贷款，丈夫需要高额的心理治疗费用，因此，她思来想去选择了放弃自己的治疗。

正当她整理东西准备离开医院时，她的主治医生拦住了她，这位医生是医院中最有名的大夫，他愿意承担妇人所有的手术费用。妇人很惊讶，不理解为什么这个素不相识的人会伸出援手。

手术非常顺利，妇人也很快恢复了健康，当她向医生道谢时，却听到了一个意外的回答。医生拉着妇人的手，笑着说："您可能早已经忘记了那一杯热咖啡，可是那杯咖啡足以让我记一辈子呀！"

俗话说："滴水之恩，当涌泉相报！"知恩图报是中华民族的传统美德，自古至今，拥有一颗感恩的心就一直被人们所提倡。感恩是一种处世哲学，也是一种生活态度，一个懂得感恩的人会感觉得到幸福，感受到世界给予的爱。相反，一个不懂得感恩，不懂得爱别人的人，他也不会感觉到别人的爱。

小女孩儿今年6岁，她最大的梦想就是能够上学。但是，她却生在了一个不幸的家庭中，上学对她来说是可望而不可即的梦。

小女孩儿生活在山区，她4岁的时候，父亲因为在山里劳动而掉下山崖，瘫痪在床；母亲受不了生活的压力而离开了家，再婚出了大山。小女孩儿靠着东家舍一顿，西家要一顿来维持生活，她的衣服也是好心的乡邻们送的。

现在她已经到了上学的年龄，可是由于种种原因而无法入学：学校离家很远，她要走上两个小时的山路才能到达，一旦她上学后，家中便会剩下生活不能自理的父亲；再加上上学所需要的费用不少，如果只靠着乡邻的帮助是不可能攒够的。

一个6岁的孩子脸上呈现出了无助的忧伤。镇领导知道这个情况后，在全镇发动大家捐款捐物，免除了女孩上学所需的一切开销，并把小女孩儿的父亲接到了县城，治疗瘫痪。

小女孩儿在社会的帮助下读完了中学、高中、大学，在所有的人都向往留在大城市工作的时候，她放弃了留校做老师，选择了做一名村官，她要以自己的微薄之力去做好一名人民公仆。

　　当记者采访，问她选择回到山区的理由时，她说："我今天的一切是大家给予的，如果当初没有那些父老乡亲，我可能连活下去都很难。4岁的我吃着百家饭活了下来，6岁的我用着捐款读了书，现在21岁的我，当然应该回报家乡，回报我养育我的父老乡亲！"

　　女孩在社会的爱中成长，现在她又把自己真挚的爱回报给了社会。真正的感恩不是做作，不是伪装，而是发自内心的感激，是自然感情的流露。对一个人来说，体会别人的爱很幸福，回报别人的爱更是一种幸福。

　　时刻怀着一颗感恩的心去看待周围的一切，感恩父母的养育之恩，感恩朋友的友谊之花，感恩对手的鞭策激励，感恩阳光的无私照耀，感恩空气的清新洁净……身边一切都需要我们怀着一颗感恩之心去对待。如果你爱他们，就让他们感觉到你的爱吧。常常把"谢谢"挂在嘴上，装在心里，常常向所爱的人表达感激。

　　有位哲人说过，世界上最大的悲剧和不幸就是一个人大言不惭地说："没人给过我任何东西。"这样的人，即使世界给了他所有，他也不会满足，不会感觉到世界的爱。感恩要知足常乐，人之所以感觉不到爱，是因为不懂得珍惜爱。

　　如果爱，请珍惜；如果爱，请感恩。

第二章　懂爱的人这样做

"予人玫瑰,手有余香。""一方有难,八方支援。"爱——不是一味接受,爱是一种付出,一个懂爱的人更应该学会去爱。爱伟大的国家,爱和谐的社会,爱生养我们的父母,爱教育我们的老师,爱支持我们的朋友,爱给我们磨难的对手,甚至应该去爱身边的每一个陌生人。一个懂爱的人才会感受到这种人间最美的情愫。

9

自尊自爱,懂爱的人首先要孝敬父母

当我们呱呱坠地,就成为了父母甜蜜的负担:我们高兴,父母舒心;我们伤心,父母担心;我们跌倒,父母痛心;我们病痛,父母忧心;我们外出,父母牵心……父母总是那个最疼、最爱我们的人。

有人说:"人最大的幸福,就是回家后能痛痛快快地喊一声:妈妈!"虽然我们常常会反感妈妈的唠叨,会害怕爸爸的责备,但他们的每一声叮咛,每一次嗔怪,都是对我们的爱呀!想想那一碗热汤,一桌好菜,一粒糖果,一双新鞋,一件新衣,想想那一个眼神,一张笑脸,一次皱眉,一声嘱托;你有什么感想?他们的爱虽然无言,都是最真实无私的。

如果说这个世界上有人会没有任何附加条件的爱我们的话,那这人一

定是父母,虽然他们没有说过一句:"我爱你!"却时时刻刻地表达着深厚的爱,他们爱是炙热的,内敛的。

解勇有两个儿子,大儿子在 2 岁时因为发高烧而导致了脑部损伤,他们夫妻两人都是农村教师,教师的收入本来就很低,再加上他们母亲长年瘫痪在床,儿子需要大量医药费,他们的生活过得更加拮据。

当年,大儿子病后就有人建议他们放弃治疗,说那样的孩子一般活不了多大年龄,就让他自生自灭的好。但是他们并没有放弃,带着儿子四处求医。当儿子的病情没有好转的情况下,妻子决定再要一个孩子。人们议论纷纷:"看吧,当初还说什么不放弃,现在还不是再要个孩子吗?"其实人们不了解,他们两人有自己的打算,他们怕自己老去后,大儿子没人照顾,因此,当二儿子刚刚 3 周的时候,他们就告诉二儿子:"无论你将来怎么样,你必须照顾你的哥哥。"

现在二儿子已经 13 岁了,他每天早晨起床后的第一件事就是帮哥哥穿衣服,然后再去给爸爸妈妈冲碗鸡蛋。大儿子的病也一天天好转,已经不再给他们闯祸,夫妻二人下班后,他甚至还会跑过来拿拖鞋。夫妻二人看着懂事的二儿子稚气的脸和大儿子憨憨的笑容,感觉命运也眷顾着他们的家,虽然贫穷,但幸福。

如果当年夫妻二人放弃了大儿子,那么他们的生活会富裕而轻松,但他们却没有放弃,甚至有了一个健康的儿子后,还从小就教育他要一辈子照顾大儿子。这就是伟大而无私的父母之爱。

我们每个人都在这种爱的包围下成长,当我们一帆风顺时,感受得不真切,可当我们绝望无助时,只有父母对我们不离不弃。那时,我们一定会下定决心,等我走出绝境后我一定好好的孝敬父母,但是,真的走出来后,却又进入了胜利的光环中把父母扔到了一边。就像我们小时候,当从父母手中接过新衣服,好吃的糖果之说,会说:"爸爸妈妈,将来长大了一定好好孝敬你们。"这句话可能每个孩子都说过,但是这个"将来"有多远呀?

李敏大学毕业后留在了大城市中,她想要干出一番大事业来回报父母,让父母过上好日子。父母虽然很希望女儿守在身边,但是也很尊重女儿的选择。

工作后,她尽心尽力的工作,由助理成为了一名律师,她挣得钱也越来越多了,她每月往家寄一大部分钱。她不想让父亲再去工地干重体力活,也不想让母亲再精打细算地花钱。三年后,她已经成为一名出色的律师,每天在法庭和律师所之间忙碌着,虽然给家里寄的钱越来越多,但是很少有时间给家里打一个电话。

有时,母亲打来电话,也只是匆匆地聊两句就挂掉了。一天,父亲给李敏打了个电话,先询问了李敏的工作情况,最近有没有要开庭的案子,之后,他停顿了一下,静静地说:"小敏,如果有时间的话,就回来看看你妈吧,她……她不太好。"

这句话像晴天霹雳般砸在李敏头上,她急急忙忙地订了车票,向事务所交待完工作后,慌忙地踏上了回乡的路。等回到家中,见门口挂着白色的挽联,人们穿着孝衣,戴着孝带坐在门口的长凳上,李敏的心一下子凉了。父亲迎了出来,拉着李敏的手说:"来,小敏,最后再送你妈妈一程吧!"

李敏大喊一声,悲恸地哭了出来,她跪在母亲的灵床前,哭喊着:"妈妈,您怎么不等我呀!"然后,她瞪着在一旁跪着的哥哥嫂子说,"你们怎么不通知我,我走的时候妈妈还好好的,为什么会这样!你们告诉我!告诉我!我要我的妈妈!"

父亲扶起情绪几乎失控的李敏,把她拉到里屋说:"孩子,你妈妈病了有一个多月了,她一直说你忙,不让通知你。就是最后走的时候还说,如果你的工作太忙,就甭回来了。"

李敏痛哭起来,她一心想着为了父母过上好日子,却没有想过父母要

的不是钱，而是孩子们在身边呀。

俗话说："树欲静而风不止，子欲养而亲不在。"小时候，我们跟父母顶嘴，在外面玩疯了不回家，跟别人打架了让父母收拾残局……但是现在，你没有没注意到，爸爸妈妈的头上出现了丝丝白发，他们在一天天变老了。父母给了我们一个温暖的家，我们像小雏鸡一样被他们护在翅膀下，他们永远是我们坚实的后盾，他们付出了太多太多的爱。可是，等我们长大了，懂事了，才发现父母是那样伟大的时候，却发现他们已经离开。

不要再说什么"将来"再来孝敬父母了，这个"将来"太远了，只怕等我们真的想到孝敬父母时，已经来不及。因此，我们就从现在来回报父母之恩，好好孝敬父母吧。

一、不要让父母再操心我们的学习，认真完成作业，考出一个好成绩。

二、回家后帮着父母做一些力所能及的活，比如收拾房间，擦桌洗碗等。

三、不要总沉迷在网络中，多陪父母聊天，看电视，散步。

四、让父母感受到你的爱，给他们倒一杯热茶，洗一洗脚，按一按肩。

五、大胆地把爱表达出来，告诉父母"我爱你们"，我在努力。将来不管走到哪里，都要记着爸爸、妈妈，多回家陪陪他们，多孝敬他们，等到你明白这些的时候，你就会发现，亲情不是别的，就是常回家看看的感动。

人世间最美的是亲情，最值得留恋的也是这难以割舍的亲情。许多时候，能让我们超越极限的力量，不是名，不是财，不是爱情，而是在血管里涌动的，一次次流过心底的对父母的爱！

10

尊敬师长,怀着感恩的心去爱

师爱可贵,2008 年的汶川地震中,向丽、汤宏、翟万容等老师用自己的双臂把学生护在身下,将自己的安危置于不顾。她们的灵魂在爱的倾注下,绽放出天使般的光彩,值得每个人赞赏。在那片废墟上,他们的留下了自己的青春,用师爱谱写了一曲生命的壮歌。

无论年龄大小,职位高低,贫穷富有,每个人都拥有的人就是老师。人们说:"教师是太阳底下最光辉的职业";也有人说:"师者,所以传道,授业,解惑也。"还有人说:"老师就是一个良心买卖。"

是的,母亲给了我们生活,但老师教会了我们生存,师爱是至高无上的,是不怀私心的,他们承载着引领每个孩子未来的重任,甚至会改变孩子的一生。自古以来,在无私的师爱下,尊师重教的优良传统形成了。无数伟人都有一颗尊敬师长的感恩之心,也因如此他们才有了博大而无私的爱,成就了不朽的功绩。

公元前 521 年春,孔子的学生宫敬叔奉鲁国国君之命前往周朝京都洛阳去朝拜天子,孔子听说后,便请求鲁昭公准许他与学生同行。因为孔子一直很敬重身为周朝守藏史的老子,他想趁此机会向老子请教"礼制"学识。

到达京都的第二天,孔子便徒步前往守藏史府去拜望老子。正在书写《道德经》的老子听说誉满天下的孔子前来求教,赶忙放下手中刀笔,整顿衣冠出迎。孔子见大门里出来一位年逾古稀、精神矍铄的老人,料想便是老子,便快步向前,恭恭敬敬地向老子行了弟子礼。进入大厅后,孔子再拜后

才坐下来。

老子询问孔子来由，孔子离座回答道："我学识浅薄，对古代的'礼制'一无所知，特地向老师请教。"老子见孔子这样诚恳，便详细地阐述了自己的见解。

回到鲁国后，孔子的学生们请求他讲解老子的学识。孔子说："老子博古通今，通礼乐之源，明道德之归，确实是我的好老师。"

同时，他还把老子比作了龙，说："我知道鸟能飞；我知道鱼能游；我知道兽能跑。善跑的野兽我可以结网来逮住它，会游的鱼儿我可以用丝条缚上鱼钩来钓到它，高飞的鸟儿我可以用良箭把它射下来。但是龙呢？我不能够知道它是如何乘风云而上天的。老子，就是龙呀！"

孔子有弟子三千，对待老子还如此谦逊，被人们尊为圣人的孔子还如此尊师，更何况我们呢！当我们在学业上遇到困难时，老师耐心辅导和讲解；当我们与同学发生矛盾时，老师用心教育和引导；当我们遇到困惑时，感到迷茫时，又是老师指点迷津。每天早晨，老师陪我们一起上早读，课堂上，老师对我们充满期待和鼓励；身体不舒服时，老师那双温暖的手贴在额头上的感觉真好，承载了浓浓的爱。

对于，这份师爱，我们怎能不感动，怎能不去感恩呢？感恩老师，并不需要我们去做什么惊天动地的大事，它表现在日常生活中的点点滴滴中。

秦始皇焚书坑儒，为此而落得个骂名千古。可你知道吗？秦始皇也是一位尊师的模范呢！

秦始皇六年的秋天，秦始皇第四次出巡，他在文武群臣的护卫下，乘着车辇，浩浩荡荡地从碣石向东北的仙岛前进，随着均匀的马蹄声，秦始皇不觉沉入对往事的回忆中。如果没有当年教导小嬴政的老师，就没有今天统一中国的秦始皇。

当年，秦始皇还年幼，他的老师是一位令人钦敬却很严厉的人。秦始皇上的第一堂课是关于家族姓氏的。老师讲了秦始皇家族中舜爷所赐的姓——"嬴"的含义及写法。老师分讲了"亡，口，月，女，凡"，然后再合成一个"嬴"字，并要求小嬴政第二天背写。

"老师，这字太难写了！"小嬴政反抗着。

"什么？一个嬴字就难住了？那么将来秦国要你去治理，你可以吗？以后难事多着哩，你要知难而不进吗？"说完，老师举起了荆条棍，朝着嬴政的小屁股就打了下去。

……

"唉！至今已经很多年没见老师的了呀！"秦始皇回想到这儿，叹了一口气。身旁的人知道他又想起了老师，于是战战兢兢地说："他老人家已经去了！"

秦始皇听完，突然摆手停止了车马的行进，然后换乘上了自己心爱的大白马向前跑去。不多时，他来到了仙岛，环视着渤海，胸襟万里，豪气昂然，他跳下马，突然撩衣跪拜起来。随从的大臣们见此情景，虽然莫名其妙，但也只好跟着参拜。

等秦始皇站起身来时，丞相李斯问："您为何要参拜这座岛？"秦始皇深情地说："众位卿家，此岛所生荆条，正是朕幼年在邯郸时老师所用的荆条，朕见荆条，如见恩师，怎能不拜？"后来，人们就把这个岛称为秦皇岛，传说岛上的荆条为秦始皇敬师的精神所感动，皆垂首向下，如叩头答谢状。

我们现在，每天在老师的关怀下成长着，虽然没有秦始皇那种离别恩师后的沉痛之情，但能感受到他那份敬重老师的心情。生活中，除了教育我们的老师外，其他一切给过我们帮助的人都算是我们的老师，对于这些师长，我们更要以一颗感恩的心对待。爱要表现出来，如果你感恩于你的老师，那就从日常的点滴做起吧。

课堂上，一道坚定的目光，一个轻轻的点头，证明了你的全身心地投

人，你在专心地听课。

下课后，在走廊里看到了老师，一抹淡淡的微笑，一声礼貌的"老师好"。

放学了，你可以向老师招招手，说一声"老师再见"。

上下楼梯遇到老师时，你同样可以对老师说"老师您先走"。

犯错时，知错就改，接受老师的批评教育，积极进取，尊重老师的劳动成果。

总而言之，从现在起，对老师多一分理解，多一分尊重，便是你感恩老师的表现。无论何时何地，永远做到：尊敬师长，怀着感恩的心去爱，做一个有情有义的人。

11

爱朋友，做到己所不欲，勿施于人

漫漫人生路上，每个人都渴望像俞伯牙遇钟子期那样找到知音，人人也都会有朋友，友情是人间最纯真、最直接、最平凡也最质朴的感情。有了朋友的理解、扶持和分担，我们的生命之重才不会不堪承受。口渴时，朋友是一杯清茶；饥饿时，朋友是一片面包；寒冷时，朋友是一个暖炉；受伤时，朋友是一剂创可贴；欢笑时，朋友是一曲祝歌；落泪时，朋友是一块手帕……

有朋友的人是幸福的，茫茫人海中，两个人陌生人从相识到结下深厚的友谊，这得是多么深厚的缘分呀！"朋友一生一起走，那些日子不再有，一句话，一辈子，一生情，一杯酒。朋友不曾孤单过，一声朋友你会懂……"当某一天蓦然回首，你会发现，你的成长之路上，被孤独、无奈和迷惘缠绕时，在你身边听你倾诉的往往不是父母、兄弟姐妹，而是你的朋友，他们认真的倾听，为你分担痛苦与忧伤。

春秋时代，齐桓公在位期间有一位著名相国，他帮助齐国很快成为了东方的霸主，他的名字叫管仲。管仲与好朋友鲍叔牙从小就在一起玩，之后又一起读书，成为亲密无间的友人，后世合称他们为"管鲍"。

鲍叔牙生活在一个富裕的家庭中，而管仲出身贫寒，他们年轻时在一起做生意，鲍叔牙出了大部分本钱，而分红的时候，鲍叔牙却拿了一少半。人们都说鲍叔牙没心眼儿，被管仲骗了那么多钱，如果本钱多出的话，分红就要多拿。

而鲍叔牙却对此不以为然，他说："管仲的家境不好，上有高堂要奉养，我们是朋友，他多拿些有什么问题呢？"

后来，他们二人一同上了战场，两方交战时，鲍叔牙冲在最前面，而管仲总是躲在后面，人们对管仲很有意见，鲍叔牙就站出来辩驳众人说："他之所以不往前冲，那是因为他是独子，家中的母亲年事已高，如果他战死了，那么母亲谁来照顾！"

之后，管仲在朝为官，但每次都因某些原因而被免职，大家见到管仲后就嘲笑他，在背后也常常议论，鲍叔牙听说这件事后，对人们说："管仲是人才，可就是没有遇到识人才的人，像之前的那种小官，也不适合他做，他是一位成大事的人！"

管仲被公子纠看中，收为辅佐重臣，但公子纠并没有成功拿到齐国的政权，因此管仲也失败了。鲍叔牙辅佐的公子小白接管了齐国的政权。

齐桓公（公子小白）即位后，立刻请鲍叔牙一起商议怎样治理国家，并任鲍叔牙为相国。但是，鲍叔牙却拒绝了，他对齐桓公说："谢谢您这么器重我，但是，我的能力有限，不能承担这么重大的责任呀。不过，我可以向您推

荐一个人,他有经天纬地之才,安邦定国之志,在齐国中,没有一个人比他更适合做相国了!"

齐桓公赶紧追问:"您说的人是谁?"

鲍叔牙笑着说:"这个人您也认识,他就是管仲!"

"管仲?"齐桓公当然认识这个人,管仲在辅佐公子纠争夺王位期间还曾经暗杀过他呢!齐桓公咬了牙,说,"这个人我恨不得杀了他,您还要我请他做相国?"

鲍叔牙摆摆手说:"大王此言差矣。当年,他要谋杀您,是因为他的辅佐的人是公子纠,他希望公子纠成为齐国的国君,那么您就是他的对手,他当然要除掉您!各为其主,大王您应该理解这并不是个人仇恨呀!"

鲍叔牙见齐桓公思考着,继续问:"大王,您难道不想让齐国强大,成为东方霸主吗?"

"那是我的梦想!"齐桓公坚定地说。

"那么请您忘掉之前所有的不愉快吧,只有管仲才能助您完成梦想。"

就这样,齐桓公接受了鲍叔牙的建议,派手下人,大张旗鼓地请来了管仲,并给他举行了隆重的招贤仪式。管仲开始还有些顾虑,但看到齐桓公这么有诚意,也就爽快地答应了。很快,齐国国富民强,逐渐壮大起来。

人们问起管仲对鲍叔牙的评价时,管仲感慨地说:"生我者,父母也;知我者,鲍叔牙!"

余秋雨说:"人生在世,可以没有功业,却不可以没有友情,以友情助功业,则功业成,为功业寻友情,则友情亡。"朋友你助你起航的风帆,有一个在乎你的朋友关心,是一种幸福;有一个理解你的朋友扶持,是一种幸运。不要小看身边那一份份的友谊,拥有了朋友,就要用心呵护,善待、珍惜身边的友情。

但是,爱朋友也要注意方式,不要把你的爱强加在他的身上,朋友是需要相互理解,相互珍惜的。鲍叔牙不做相国的原因是他想助管仲一臂之力,而如果管仲也不想做相国的话,鲍叔牙的做法就是完全错误的了。也就是说,"己所不欲,勿施于人",不要让你的爱成为朋友的负担,那么怎样做才是对朋友真正的爱,什么样的友谊才是真正的友谊呢?

第一,爱朋友,就要不怕吃亏。真正的朋友之间不能斤斤计较得失,要舍得为对方吃亏。

第二,爱朋友在肯定他优点的同时,也要大胆指出朋友的缺点。真正的朋友,就是那些敢于坚持原则,既能肯定我们的优点,又敢于和善于指出我们的错误的人。

第三,爱朋友就要相互扶持。真正的朋友之间不是表面上的公平和互利,而是发自内心的互相扶持,是一种关心,一种理解,一种不遗余力的支持,一种最大限度的谅解。

第四,爱朋友就要给他空间。真正的朋友不是粘在一起的两块磁铁,而是有距离的两面镜子,能从对方身上看到自己的影子,而不是被对方粘得喘不过气。

第五,爱朋友就要理解尊重。真正的朋友不是把自己的想法强加在朋友身上,而是理解、尊重朋友,寻求友谊的互通点,共同进步。

12

敢爱敢恨,做一个爱憎分明的人

在电视剧《我的青春谁做主》中,人们把钱小样评价为"敢爱敢恨,爱憎分明"。那什么是敢爱敢恨,爱憎分明呢?有人说:"一个人,要心胸坦荡,光明磊落，爱憎分明。只要真正地爱过，也真正地恨过的人，就是一个大写的人。"也就是说，我们在遇到可以爱的就要大胆表达自己的爱，遇到令人愤慨的就要表示憎恶，不要像那些是非不分，善恶不辨，混淆真理的人一样，浑浑噩噩地度过一生。

中国人骨子中就有着"中庸"的思想，什么事得过且过，但有时，也许你的宽容并不能"以德报怨"，而是让"恶"更加猖狂。雷锋日记中说："对待同志要像春天般温暖，对待敌人要像严冬一样残酷无情。"因此，对待"恶"，我们就要勇于斗争。

2007年2月10日的一个寒假，某高校的高小其同学正走在回家的小路上，这条小路是一条僻静的小巷，因为很少有人走，所以连路灯都没装。突然，从黑暗中窜出一名持着西瓜刀的歹徒，他用刀架着高小其的脖子说："把钱拿出来！"

高小其意识到发生了什么——遭遇了歹徒抢劫，不过，高小其一点也没害怕，他本能地用手扣住歹徒的手腕，歹徒被他一勒，手中的刀也使不上劲了。高小其想趁机把刀抢过来，突然听到歹徒大声喊了句："砍！"

刹那间，黑暗中又蹿出一名歹徒，挥刀就向高小其砍来。高小其的手死死地握住了刀刃，结果歹徒使劲把刀一抽，高小其的手顿时鲜血直流。当时他也顾不得痛，因为另外一个歹徒已跑到他身后，用刀朝他左边肩部砍来，锋利的刀刃划破了皮肉，他意识到再纠缠下去，他肯定会被砍死在这儿。于是，高小其抓住了一个机会拼命地往回跑，终于跑到了人多灯亮的地方，回头看歹徒没敢追来，才松了一口气。

他打电话报了警，随后到医院急救。医生看到他的右手伤势严重，血如泉涌，经过诊断确认高小其的右手无名指肌腱断裂，中指肌腱，血管，神经均断裂为两段。

一段时间治疗后，伤口已经愈合，但高小其的右手已经失去部分行动能力,被伤残鉴定为 10 级伤残。

高小其是一个爱憎分明,疾恶如仇,敢于与恶势力作斗争的大学生,他以正义的力量战胜了凶恶的歹徒。他那种面对困难坚持的信念,对生活执著的追求和乐观向上的态度,展现出了宝贵的品质,为当代青年大学生树立起了良好的榜样。

时至今日,"爱憎分明"这个词关系到我们每个人,离开了革命的岁月,爱憎分明是基于自己价值和原则的处世方式,是一种主动的生活方式和态度。

但是,敢爱敢恨,爱憎分明不是任由自己的性格,老师说得不对就顶撞,同学做不对就发脾气。爱与恨是互通的,俗话说:"爱之深,恨之切。"但爱与恨之间是有明显界线的,我们爱要爱得深刻,而恨也得恨得彻底。

一、对爱真挚,但不盲目。对于爱,我们应该学会把握,比如,当你特别乐意吃糖时,你总不能一个劲儿地吃,要有度,吃少一些对身体有益,吃过多就会有损健康。爱也是这样,不能因为爱而盲目地去爱,要分清什么样的爱值得爱。

二、恨要痛彻,但要学会宽容。如果一个人总生活在仇恨中,那么就等于用别人的错误来惩罚自己了。我们对于某些违背原则的恨,可以彻底地抛弃,嫉恶如仇的人才能活得光明磊落。但是对于那些因自私而引发的恨,就要以一颗宽容的心对待,遇到让你生气的事时,换位思考一下,你就会理解对方。

在生活中,虽然有时爱憎分明容易受伤,会得罪人,但是一定要分清什么爱值得爱,什么恨值得恨,那么,时间久了,这样的品格一定会像金子一样闪出光亮。

13

敞开心扉，迎接每一个人

人生下来就意味着适应环境，但是，你遇到过这样的情况吗？突然觉得自己与身边的环境格格不入了，朋友在一起打打闹闹时，你成了旁观者；亲戚来家坐客时，喜欢躲到自己房间里；甚至与爸爸妈妈交流也不顺畅起来。仿佛很想给自己做了一个壳子，把自己关在里面才安心，才舒服。

心是一扇无形的窗，有的人紧紧关闭，有的人半掩，有的人全然敞开，于是便形成了各种各样的性格，演绎出了多姿多彩的人生。敞开你的心扉，张开双臂拥抱这个世界，你会发现，世界如此美好，人生如此美妙；敞开心扉，迎接每一个人，不要让心灵的樊笼禁锢自己，厚德载物，你会发现原来心灵如此色彩斑斓。

段鹏在银行上班，但他给人的感觉总是冷冰冰的，从早到晚脸上没有一丝笑容，深沉而严肃。从毕业到现在已经 5 年时间了，没有一个同事与他能谈得来，甚至生活中也没有一位亲密的朋友。

他每一天都是一个人上下班，一个人吃饭、休息，对他来说，只有单位和家这两个点，枯燥而无聊。其实段鹏之前并不是这种性格，他以前也是一个很活泼的人，有一大帮的朋友，经常一起踢球、聚会，但是从因为一个朋友的背叛而受伤害后，他便觉得这个世界上没有一个人可信，生活中根本没有真正的爱。工作后，他处处逃避与同事们交往，因为他觉得不付出便不会受伤，因为世界上根本没有爱。久而久之，段鹏便成了现在的样子。

一天早晨，段鹏照例洗脸、梳头，开始一天上班前的准备事务。正当他下楼时,他看到自己昨天扔的垃圾袋又被送了回来,这是怎么回事呢?难道是小孩子的恶作剧吗?正当他再次提起垃圾袋,准备下楼扔时,一个环卫工人从楼上跑下来,气喘吁吁地说:"先生,您的袋子中有个没拆封的邮件……是要扔的吗?"

段鹏愣了一下,翻开垃圾袋,里面并没有昨天丢的生活垃圾,而是一个蓝色的快递文件,他突然想起来,昨天自己签收过快递后就顺手扔到了书桌上,可能是收书桌上杂乱的演算纸时顺手扔掉的。这个邮件是人力资源和社会保障部给他寄来的分析师证书,关系到他今后的工作问题,假如说就那样无意丢掉的话,那损失就太大了。

他看着眼前的环卫工人,不知道该说些什么。这时,楼上又跑下一个人,她披散着头发,拿着一个药箱,满脸歉意地对环卫工人说:"对不起,对不起,刚刚我以为是坏人,把您手臂划伤了。"

环卫工人回过头说:"没事儿,只要您东西没丢就行啦!"

"我误会您了,谢谢您给我把戒指送回来,那一定是我洗菜时掉的,我还以为……对不起,对不起。"说着,她把药箱递给环卫工人。

段鹏这才注意到这个环卫工人的左臂上,有一道血迹。

"这个……"段鹏刚要说话,却又被环卫工人打断的。

"我没关系的,伤的不重。太太,您把门上的钉子给拔下去吧,要不然以后会伤着自己的。"环卫工人说完,向段鹏说,"先生,您也甭客气了。这个世上好人比坏人多。"

段鹏和楼上的女子呆呆地目送环卫工人下楼,深深地叹了一口气。他迅速回到房间,对着镜子笑笑。

这天早上,单位的同事都发现段鹏像变了一个人似的,从来没有笑过的他今天笑容满面地来到单位,而且无论是认识的还是不认识的,他都有礼貌地打着招呼。

从那以后，段鹏也发现，以前那些不友好的同事变得亲切起来，工作也因此变得比以前更轻松了。

环卫工人让段鹏了解到，并不是所有的人都是自私的，朋友背叛了自己，一个陌生人却帮了自己，从此，他敞开了心扉，用一颗开朗的心面对这个世界，这个世界也加倍地把爱送给了他。世界上并不是没有爱，而是你有没有把心打开，让爱的阳光照进心田。

现在，很多人都过着集体生活，不同生活习性，不同个性，不同家庭背景的人聚在一起，一段时间后大家都会适应彼此的习惯，和谐地相处。但是，如果你从来不讲述自己的故事，从来不参与大家一起聊天，从来不在乎别人的感受，永远显得那么与众不同，趾高气扬，你就永远无法适应这个环境，最后只能积蓄矛盾，受到别人的排挤，生活在孤独中。

张永莲十几岁时很渴望到大城市去读书。同村的很多孩子都被父母接到了城里，每次回到家中时，他们的脸变得白白的，衣服也很鲜亮，张永莲都羡慕得不得了。

后来，父母所在的城市的一所学校中成立了农民工子弟班，他们把永莲接到了城里，张永莲觉得自己仿佛也成了一个城里人，她以后可以向同村的小伙伴炫耀了。但是，到了城里后她才发现，这里的生活并没有她想像的那么美好。入学的第一天，她就被很多同学排挤了。

课间，大家都在跳集体舞，这对于一直在农村的张永莲来说，是非常难的事，她那笨拙的动作引来同学的围观，张永莲吓得呆在那儿一动不敢动，她从来没有感觉到的绝望袭上心头，那种嘲笑简直让人窒息。

从那以后，张永莲一直低着头，她一直觉得自己周围有许多嘲笑的目光。一天，老师把张永莲叫到办公室，问："永莲，你为什么每天都闷闷不乐，下课也不与同学们一起玩呢？"

张永莲低着头不说话。

老师继续说:"永莲,这是课间集体舞的光盘,你利用休息时间来用老师的电脑去看,我给你两天,你把它学会怎么样?"

张永莲抬眼着了一下光盘,没有说话。

"永莲,每个人都有一位自己的守护天使,人与人都是平等的,如果你抬着头去面对世界时,世界也会给你一个抬头的理由,让你活得精彩。"

张永莲突然抬起头,看着老师微笑地眼睛,她知道老师很了解她的心情,说:"老师,我从农村来,没有人喜欢我!"

"怎么会没有?你总是低着头,怎么能看到同学们的爱呢?"老师笑着拍了拍张永莲的头,张永莲觉得浑身充满了力量。

"你总是低着头,怎么能看到同学们的爱呢?"是呀,我们总是嚷着说自己有多孤独,身边没有朋友,感觉不到爱,其实,大多数时候都是因为我们自己封闭在小圈里,不去抬头看周围的世界,怎么能看到爱呢?这个故事告诉我们,要敢于挣脱自己心灵的枷锁,那样才能活得更精彩,感觉到世界对我们的爱。走出自己的小圈子,把自己的心门打开,只有这样才能更好地适应生活环境,增强自己的实力,得到更多的朋友,享受更多的爱。那么,怎样才能打开自己的心门,接纳每个人呢?

首先,与人交谈。不要吝啬说出自己的想法,可能最初你的话不能引起别人注意,交流并不顺畅,但你付出一定会有回报的。其次,正视困难。每个人都会遇到一些挫折和困难,你遇到也是正常的事情,它可能会让你陷入低迷,令你烦恼,但看看身边的人,谁一帆风顺,看看身边的事,哪件平平稳稳?人只有经历磨难才能懂事,只有经受挫折才能独立,只有走过风雨才会见到彩虹。最后,丢掉自己。别总是以自我为中心,也别总觉得别人的眼睛都在注视着你,扯掉各种面具,直接面对人生,"深藏不露"怕别人看透,就会把自己与世界隔离。

爱就在身边,打开自己的心,改变自己实现理想,让灿烂的紫外线杀掉你心中的细菌；走出自己的圈子，接纳外面的人，储存新鲜的力量，让自己的人生变得更精彩。拥抱阳光吧，你一定会得到阳光的拥抱。

14

不只要爱，还要将爱传递出去

张爱玲曾说："于千万人之中遇见你所要遇见的人。于千万年之中，时间的无涯荒野里，没有早一步，没有晚一步，刚巧遇上了。"人与人相识本来就是一种缘分，更何况那些曾经给予我们帮助的人呢？我们要以行动回报那些帮助过我们的人，最好的方式就是将爱传递下去。

去帮助那些曾经的"我"，帮他们走出困境，关怀他们，鼓励他们无论遇到多大的困难，只要坚持就能挺过去。美国心理学大师安东尼·罗宾曾经讲过这样一个故事，从故事中我们读懂了"投之以桃，报之以李"的道理。为生命多用点心，将生命的红丝带传递下去。

在很多年前感恩节的一天，一对夫妻在街上大吵起来，他们总因为钱而吵架，因为他们太穷了。他们的儿子站在一旁，流着眼泪可怜地看着爸爸妈妈的争吵，显得孤独无助。

这时，一位满面笑容的大男孩敲开了夫妻的门，他手中提着一大篮水果，篮子边上还摆着用于庆祝节日的彩带，笑着说："你们好，这是别人让我送来的，希望你们不要再吵了，这个世界上还有很多人在关注和爱着你们！"说完，放下东西走了。

夫妻二人对视了一眼，再看看篮子和可怜兮兮的儿子，觉得羞愧不已。但是，这件事却让他们的儿子深深地感动了，他在心里暗暗下定决心，长大后一定要以同样的方式去帮助需要帮助的人。

男孩举行成人礼之后，虽然每个月的生活费都是自己打工得来的，并不是太多，但他不再向家里要一分钱，努力养活自己。这是他工作的第一个感恩节，他用自己赚来的钱买了很多食物，骑上快递员的小摩托，把食物送到一个很穷困的家庭中。当敲开门时，把食物交给一个妇女，说："我受人之托来给您送这些东西。"妇女打开箱子，惊呆了，激动得语无伦次地说："你……你一定是上天派来的吧！"

男孩笑笑，说："不，我只是受人之托。"说完把一张纸片交给妇人，纸片上写着："我是您的朋友，希望您们能过一个快乐的节日，也希望你们在有能力的情况下以同样的方式将爱传递下去。"

大男孩的助人之举也许是无意的，但小男孩的助人却是有意识的，他以最正确的方式回报了大男孩的助人，也许将来有一天，你也会收到一个同样的篮子上面写着："请以同样的方式将爱传递"下去。其实爱人与被爱都很简单，重要是这份爱是不是只停留在了"你我"之间，如何让世界上充满爱才是至关重要的，这就需要爱的传递。

一天，在公交车上，一个年轻的女子手里牵着自己的女儿，在拥挤的车厢中被挤来挤去，女子努力撑着胳膊，想给女儿撑出一个空间来。小女孩大概三四岁的模样，天真地问女子说："妈妈，怎么今天没人给我让座呢？"

"为什么要给你让座呢？"女子问女儿。

"每次我跟奶奶出门的时候都会有人给我让座。"

"哦"，女子笑笑问，"你知道为什么人们会给你让座吗？"

小女孩摇摇头，在人的夹缝中使劲挤了一下，抱住女子的腿，看起来很聪明，找到了一个支撑点。女子看了看她，说："不知道吗？仔细想一想吧！"

"嗯……"小女孩歪着头想了一会儿，说，"因为我是小孩儿吗？"

"真棒！"女子刮了一下小女孩的鼻子说，"你奶奶是老人，你是小孩子，

所以人们都会帮助你们。因为人们见到老幼病残的人都会主动让座的。"

小女孩点点头，说："那现在没人给我让座了是因为我长大了吗？"她天真地眨眨眼，把妈妈抱得更紧了。

"对，你长大啦！"女子苦笑了一下。

这时，他们身旁一直坦然坐着的男子突然站起身来，说："你们坐这儿吧，我到站了。"说完，男子挤向了车门位置。小女孩拍着手说："啊，妈妈，这位叔叔真好，我长大了也要给老人和小孩子让座，帮助他们。"

几站地之后，女子和小女孩都下车了，那个男子还站在靠车门位置扶着栏杆，并没有要下车的样子。

男子可能是因为听到了母女俩的对话，感觉到羞愧才主动让了座；而他不知道他的这一举动让一个怀疑爱的小女孩感受到了爱，并且一定会将爱传递下去。人生在世，我们不可能时刻那么幸运的得到别人的帮助，但是，只要曾经有幸得到了爱，就一定要牢记，并将这份爱传递下去。当别人遇到不幸时，伸出你的手，让爱的红丝带传递，社会就是一个大循环，你今天付出的爱，明天会收获更多的爱。

爱是一个永恒的主题，不要只是爱，一定要将爱传递下去。其一，告诉身边的人什么是爱。我们这个社会是温暖的，人人都有一片爱心，只要付出一点，社会便会进入温馨的氛围中。其二，把爱讲出来。我们将受助的事讲给周围的人听，使更多的人感受到爱，那么爱就会传播。其三，爱要行动。以自己的方式献出爱心，再以各种形式，呼吁社会上的各界人士，献出一片爱心。可以捐款，也可以做志愿者，或者利用便利向人们提供各种方便。

把爱装进火炬中，手举着爱心传递下去，让每个人都能感受到自己的责任和社会的温暖。

15

团结友爱，不为利而爱

艾思奇说："一个人像一块砖砌在大礼堂的墙里，是谁也动不得的；但是丢在路上，挡人走路是要被人一脚踢开的。"社会是一个大家庭，我们每个人都是其中一分子。团结、互助、友爱是人生必不可少的道德品质，只有拥有这种优秀的品质，我们才能联合起来，担当起建设祖国的重任，社会才能和谐发展。

生活中，很多人付出爱时都要看一看是否有利可图。他在我前桌，考试的时候可以帮个忙，那么我平时就跟他关系好点；他妈妈是老师，我得跟他关系处好，那样老师也许会喜欢我；他家里很穷，我跟他成为朋友后会不会成为负担呢？……你有没有这样的想法呢？如果有的话，你就把人间最真挚而单纯的爱玷污了。如果我们与人交往，只是为了自己的"利"的话，那也永远得不到真正的"爱"。

有一个人对自己死后的去向很感兴趣，于是他向佛祖打听天堂和地狱的情况。佛祖对他说："来吧！我带你去看看这两个地方分别是什么样子，你自己就清楚了。"

佛祖先带着这个人来到了一间屋子，看到的是一群人围着一锅肉汤，但每个人都是面黄肌瘦，骨瘦如柴。他们每个人都有一只汤勺，汤勺的长度可以够到锅，而且可以捞到锅里的食物。但汤勺的柄比他们的手臂还长，以至于每个人都无法把汤送进嘴里，只能望"汤"兴叹，无可奈何。

出来后，这个人看到房屋的门口贴着"地狱"的标签。

随后佛祖说:"来吧!我再让你看看什么是天堂。"随即把这个人领入另一房间,这里的物品摆设和上一个房间没有什么不同,也是一群人围着一锅肉汤,每个人也都拿着一只比手臂还长的汤勺。唯一不同的是,这里的每个人都身宽体胖,脸色红润,都是非常幸福的样子,他们正在快乐地歌唱。

"这是为什么?"这个人不解地问道:"为什么同样的吃食、同样的餐具,地狱的人喝不到肉汤,而天堂的人却可以?"

佛祖微笑着说:"很简单,在这儿,他们每个人都会把肉汤喂到对面那个人的嘴里。"

爱是不计己利,是团结。胡锦涛总书记提出了"八荣八耻"社会主义荣辱观,其中有一条为:"以团结互助为荣、以损人利己为耻。"自古以来,我国就有"礼仪之邦"、"君子之国"之称,有着优秀的传统美德和民族精神,对真善美有着崇高而纯粹的追求,正因如此,才造就了中华民族千百年来的丰功伟绩。

为了个人的目的,个人的利益而去伤害他人,这种损人利己的思想是行不通的。只有用心珍惜、团结,抛弃一切私心,才能感受到人们的爱,否则只能搬起石头砸自己的脚。

每隔四年一届的水果品种大赛上,刘立伟的草莓品种总是能获得第一名,他种出来的草莓不仅个大,果型好,还有甘甜的口感。但是,刘立伟有一点很奇怪,其他得奖的果农都会把自己的品种当成宝贝似的珍藏,而他却走家串户,把得奖的秧苗分给四邻,有时甚至分文不收。

有人说刘立伟很狂,有人觉得他傻实在,但刘立伟有自己的想法。受益邻居问他:"你得奖的品种是投入那么大精力才培育出来的,你经过反复实验改良的劳动成果,就这样白白分给我们,不可惜吗?再说了,如果我们在它的基础上再改良,超越了你的怎么办?"

刘立伟笑笑说:"我们都是种草莓的,我帮助了大家也帮了自己呀!"

"什么?"大家不解地看着面前这个憨厚的小伙子。

刘立伟解释说:"我说的是真的,我们的草莓地挨在一起,蜜蜂传花粉时飞来飞去,就有可能将品种差的花的花粉传播到好的品种上,那时就会影响了我的品种的质量。这样,把秧苗分给大家,我们都种好品种,大家的草莓质量都不会受影响啦!"

情为人所系,利为人所谋,那么自己也会从中受益。我们的生活中有很多的人为了一己之私,而把自己独立起来。解开了一道数学题,就当宝贝似地不与人交流,殊不知也许别人有更好的方法;有同学希望你的帮助,你是不是怕他超过你而不去帮助呢?五指弯曲成拳是不能握住东西的,一只手再厉害也是无用的。

因此,无论在哪里,无论做什么,都要学会与人团结,人人为我,我为人人,把团结当成是一种责任,作为自己人格魅力和精神追求,作为一种道德规范和行为准则。

16

热爱集体,树立强烈的集体荣誉感

我们生活在这个世界上,每个人都不是以个体的形式生活的,我们最常常接触的就是集体。从年幼的我们步入幼儿园开始,就步入了集体生活,那时,老师常常说:"小朋友要互帮互助,我们班是最棒的!"因此,每个小朋友都拥有了一个值得自己骄傲的班级。这种骄傲感就是集体荣誉感。

每个人从小就有着一种强烈的集体荣誉感,当班里挂起流动红旗时,每个同学会很骄傲;运动场上,所有同学都为本班的运动员加油;谁做了

一件有损班级的事都会遭到大家的谴责,这种集体荣誉感是自幼而形成的,但也会随着年龄的增加而渐渐淡化,很多人在长大之后就变得以自我为中心,唯我独尊起来,最后也失去了大家的爱,孤立无援。

三只小狼幸福地生活在一片大森林中,这片森林风景优美,有很多食物,特别是这里有一条很美丽的小河,它们特别喜欢在这里玩耍。

但是,有一天,一头高大魁梧的大象打破了小狼们平静的生活,它把小狼从小河上游赶到了下游,甚至还炫耀似的大摇大摆地在小河边散步。小狼们看着大象猖狂的样子,心里充满了怒气。

其中最强壮的一只小狼说:"太过分了,大象把我们家占领了,竟然还这么高傲地走来走去气我们,我一定要让他尝尝我的厉害。"

"可是大象又高又大,我们怎么可能是它的对手呢!"一只瘦弱的小狼说。

"那我也要教训他!"

"不行的!"

两只小狼争论了起来,这时,另一只像军师一样的小狼开口了:"别吵了。我们的确不是大象的对手,但是也不能看着他这么放肆。"这只小狼看起来已经想好了办法,说得很坚定,继续说,"他只有一个,我们有三个,虽然我们比他要弱很多倍,但团结就是力量,我们一起努力,他可能就没办法招架了!"

于是,这三只小狼一起找到了大象,大象看到是被自己赶走的那三只瘦瘦小小的小狼,就摆出趾高气扬,满不在乎的样子,甚至昂着头不看它们。

三只小狼互相使了一个眼色,强壮的小狼向大象扑去,但却被大象一脚踢开了,其他两只小狼也向大象扑去,但也相继被大象踢开。大象仰起鼻子,得意地高声鸣叫着。这三只小狼并没有因为被踢开而停止战斗。它们一次次地扑向大象,一次次地被大象踢开。

经过这么一次次失败后,一只小狼终于咬住了大象的耳朵,任凭大象怎么甩头,小狼就是咬着不放;另一只小狼趁机一口叼住大象的尾巴,疼得大象使劲地甩着;那只强壮的小狼也逮到了机会,他一口咬住了大象的鼻子。这下,大象疼得跪了下来,向小狼求饶,并发誓马上离开森林,不再打扰小狼的生活。

"庞然大物"的大象做梦也没有想到,会栽在小小的小狼手里。狼是一种集体作战的动物,"好虎架不住群狼"就是这个道理。狼的这种为了集体而战的精神值得我们人类反思,现在很多人把这种集体荣誉感都丢掉了,他们漠视集体,因为"个人英雄主义"而丢掉了集体。

在集体中,每个人都应该相互尊重、相互理解,用一颗积极向上的心为集体奉献自己的一份力量。国家富强了,我们才能在世界上昂首阔步;集体强大了,我们才能自我发展,获得成功。

林子创办了一家公司,公司步入正轨以后,并没有像自己希望的那样蓬勃向上发展,除去一切开支和应酬,公司的利润只算一般。而他的同学的公司已经获得了非常可观的利润。林子无论如何也找不到问题的源头,觉得迷惘而困惑。

一天,林子在与同学聊天时,向同学请教说:"为什么我们都是从毕业开始创业,你这么快就取得了成就,而我无论怎样也没什么发展呢?"

同学看了看林子公司,笑着问:"我想知道你的下属是否敬业呢?"

"我觉得还可以呀,他们每天都很忙碌,我有时去抽检部门时,看到他们都非常认真地工作着。"林子说。

"那么,你的下属是为了取得个人成就而努力,还是为了公司利益而努力呢?"

林子听了同学的话陷入了沉默,他的确不知道公司的员工的工作状态,他们之间是否有团队合作意识，是不是相互尊重，是不是把自己的团队的成就放在了第一位。在这些方面，林子的确关注得太少了。

同学笑笑说："找到根源了，这就是你我管理公司的不同。我成功的秘诀很简单，我要求每个员工都要把自己融入集体中，以公司的荣誉作为自己的荣誉，在大集体中一起成长进步。"

林子点点头，他终于明白了问题根源在哪里，并确立了自己今后的整改方向。

热爱集体，关心集体，培养集体意识和为集体服务的能力是每个人都应该具备的品德，集体荣誉感是主人翁的责任感。为了集体，我们都会不断地进取，会相互激励产生一种积极向上的愿望。

我们的大部分时间都生活在集体中，集体就像我们坚实的后盾一样，时刻在背后支持着我们，我们也因为有一个团结、积极、向上的集体而骄傲。当北京2008年成功举办了奥运会时，每个中国人的身后都仿佛有了一个绚丽的光环，这就是集体荣誉感的体现。那么，我们怎样才能让自己具有集体荣誉感，与集体共同前进呢？

一、要积极参加学校组织的各项活动。学校组织的一些活动，都需要集体互动，培养学生的团队意识、集体观念，如春游、文体竞赛、班级活动等，每个学生都会在参与的过程中与集体共荣辱，体会集体中的温暖。

二、有意识地为集体争光，把集体的荣辱与自己关联起来。集体是一个大家庭，每个人都是家中一员，当家受到伤害时，家人就要团结起来，为家而努力，从中受到教育、得到启发、得到激励，从而使集体荣誉感不断增强。

集体的建立就像搭积木一样，如果大家齐心协力，互敬互爱，手接手，肩搭肩才能搭得更高，每个成员在集体的大爱中体现着自身的价值。因此，当我们用爱构筑起集体时，集体也用同样的爱把我们包容起来。

17

感恩爱你的人，更要感谢折磨你的人

我们感恩父母，是因为他们辛苦的养育；我们感恩朋友，是因为他们不离不弃的伴随。但是，除了这些对你好的人之外，你对那些折磨你的人、伤害你的人有着怎样的看法呢？你也许提起他们来就会恨得咬牙切齿，但是，你知道吗？如果没有他们的"鞭策"，也许就没有今天成功的你。

可能在你的身边有很多这样的人，他们为了显示自己优秀，而对你大肆贬低；他们可能为了自我的发展，而阻断了你原本顺畅的道路。但是这些人并不是恶人，他们只是为了一己之私，才做出了伤害你的事。也许你正是通过这些讽刺、贬低才找到了自我，以"不蒸馒头，蒸（争）口气"的思想不断进取，追求着成功，完善着自己。这样的话，无论是爱我们的，恨我们的，甚至伤害过我们的人，都是值得我们感恩，值得我们去爱的。

很久以前，某个地方建了一座规模宏大的寺庙。竣工之后，缺了一尊佛像，于是佛祖便派了一个擅长雕刻的罗汉幻化成雕刻师来到人间。

雕刻师在山间转来转去，最后在山里的两个石料中，选了一块质地上乘的石头，开始了雕刻工作。可是，当雕刻师的凿子刚刚凿了几下的时候，石头突然开始撕心裂肺地叫了起来，他请求罗汉说："我好痛，你不要再折磨我了！"

罗汉听到了它的话，了解了石头的心思后，劝说着："请忍忍吧！如果不经过细细的雕琢，你就成不了佛相，那样就会永远待在大山中，做一块不起眼的石头，经历风吹日晒，最终风化成粉末。"

说完，罗汉又开始下凿了，可是每次凿一下，石头就会哀嚎一声："疼死我了，疼死我了，你饶了我吧！我求求你了。"

罗汉本想点化石头，但最终因为无法忍受那块石头的叫喊声，放下了手里的凿子。说："好吧，你自己选择的路，我没有办法。"但是，把它再次搬回大山太费时费力了，正好要修建佛堂到庙门的路，罗汉就把石头填进坑里，铺在路上。

佛像还是要雕刻的，无奈之下，罗汉只得选了第一次挑剩下的那块质地有些粗糙的石头。这块石头虽然其貌不扬，质地较差，但是，当它知道罗汉要把他雕成佛像时，它的心里满是感激、激动之情。这块石头渴望展现自身的价值，它不想只做一块平庸的石头。它坚信罗汉一定会把自己雕成精美绝伦的佛像，因此，不管雕刻师如何在自己的身上刀琢斧敲，它都默默地忍受着。

罗汉对这块石头本来信心不大，他知道这块石头的质地差一些，因此，除了更加卖力的雕琢之外，还对石头进行了细致的加工，对于石头来说，这种痛苦比雕琢更令人恐怖。

时间一天天地过去了，那块质地不佳的大石头在忍受了几十天的痛苦之后，终于成了一尊肃穆庄严、气魄宏大的佛像。当它赫然立在人们面前时，所有人都惊讶不已，他们将这尊佛像放到了神坛上。

这座庙宇的香火非常旺盛，日日香烟缭绕，天天人流不息。香客越来越多，那块质地好的石头可能早已经被人遗忘，虽然没有承受雕刻师的雕琢，现在每天被人踩来踩去，那痛苦也好受不到哪去。看到那块质地不如自己的石头，如今成了佛像，安享着人们的顶礼膜拜，它内心愤愤不平。

终于有一天，它忍不住对正路过此处的佛祖发了牢骚："佛祖，这不公平！那块石头的资质比我差得远呢，可它现在却享受着人间的礼赞尊崇，我每天却要遭受凌辱践踏，日晒雨淋，您未免太偏心了！"

佛祖笑了笑说："它的资质也许并不如你，可它今天的荣耀是忍受一刀一凿的雕琢之痛之后得到的！当初你受不了雕琢的苦，现在就只能接受这样的命运！谁也帮不了你。"

如果没有雕刻师的雕琢，其貌不扬的石头还在大山中承受着风吹日晒；如果上乘石头咬牙挺过来，那么它也不会被人踩在脚下。正是因为有了那些折磨我们的人，我们才变得坚强起来，才会走向成功。

挪威著名的剧作家亨利·易卜生在写作的时候会把跟他做对的瑞典剧作家斯特林堡的画像放在旁边，他常说："他是我的死对头，我要让他看着我写作！"易卜生在"死对头"的"注视"下完成了许多成功的作品。因此，受人折磨并不可怕，受折磨后能否走向成功就取决于在遭受折磨时的态度了。

马克洛夫与麦克里斯、约翰、吉姆和巴里组成了一支探险队，他们所在探险的地点是非洲。马克洛夫作为队长，他在安排任务、发放了一部分生活费后，向其余四个人承诺说："如果完成这次探险，我将给大家发放更多的劳务费。"队员们都很积极，不只是为了钱，大家都是探险爱好者，除了钱之外探险本身更刺激。

了解探险的人都知道，探险是用生命与自然搏斗的过程，马克洛夫在对一条新线路进行勘察时，不幸遇难。临终前，他把四名队员叫到跟前，拿出一个沉甸甸的箱子说："我可能无法活下去了，请你们把这个箱子交给我的朋友——麦克唐教授，这个箱子是我用生命保护下来的。"他深深地吸了一口气，继续说，"请你们以探险精神发誓，一定要把这只箱子带出去，当然，你们带出去后也会获得比金钱更重要的东西。"说完，马克洛夫垂下了头，永远地安眠在了他喜欢的森林中。

四名队员把马克洛夫埋藏后，为其树了一个木碑，以此来纪念这位英雄的队长。时间不能耽误，他们四人赶快背起箱子上路了。他们拖着瘦骨嶙峋、疲惫不堪身子不停地前进着，茂密的丛林现在变得比想象中的更加宽

阔,多日以来的长途跋涉让他们更加疲惫不堪,背包中的食物也越来越少。

五天后,四名队员的力气越来越小了,密林的路越来越难走,箱子也越来越沉重,他们像囚犯一样的在泥潭中挣扎着。吉姆开始抱怨起来:"马克洛夫在搞什么,我们的路已经够难走的了,还得背着这个破箱子。"

约翰鄙夷地看了一眼吉姆说:"你可以把箱子扔掉,那么你对得起你探险员的称号,对得起死去的马克洛夫吗?"

其他队员也随声附和着,吉姆低下头,小声说:"我也没说要扔掉呀!"

终于有一天,眼前出现了一条小路,虽然路不算太宽阔,但经验告诉证明,他们已经走出森林了。一天后,他们终于看到了大路,在一个小饭店填饱肚子后,他们迅速找到了麦克唐教授,迫切想知道马克洛夫用生命护下来的箱子里到底装的是什么?"

麦克唐纳教授当着四名队员的面,打开了箱子。大家一看,都傻了眼,箱子里满满一堆无用的木头!

"什么?"吉姆气急败坏地说,"我们几个累死也要背着的竟然是一堆破木头!这马克格夫开的是什么玩笑?把我们当傻子耍吗?"

"不是说还有报酬吗?"巴里看起来也生气了,他对麦克唐教授说,"破木头你自己处理,把报酬给我们吧,马克格夫这小子怎么在死之前还骗我们!可恶!"

"我就猜那家伙有神经病,让我们背着破木头走出来!"麦克里斯愤怒地嚷着。

但是,在大家都爆发怒气的时候,只有约翰一言不发,他想起了他们刚走出的密林里,到处是一堆堆探险者的白骨,他站起来,对伙伴们大声说道:"大家清醒一下吧,我知道马克洛夫要送给我们什么了,那就是生命!如果没有这只箱子,我们四人或许早倒下去了,你们想想我们见到的那一堆堆白骨。这箱子是马克洛夫给了我们一个坚持下去的理由,他对我们的折磨的确让我们获得了比金子更贵重的东西呀！"

如果在受折磨后，自暴自弃，或者生活在抱怨仇恨中，甚至以牙还牙，那么一辈子也不会成功。我们要感恩那些折磨我们的人，他们就像大雪一样，看似冻坏了冬小麦，但却是给冬小麦盖上了一层厚厚的棉被，把害虫冻死，保证了小麦来年的丰收。因此，没有风霜雨雪，就没有菊的妖娆，梅的清香，松的坚强，竹的挺拔。

那些折磨你、让你吃一堑的人正是给了你长一智的客观条件，既然如此，你为何不心存感激呢？别忘了，那些没有经过风霜雨雪的花朵，不管怎样都无法结出丰硕的果实。一个有眼光和思想的人，始终都懂得感谢折磨自己的人，唯有以这样的态度来面对人生，才会走向真正的成功。

"良药苦口利于病，忠言逆耳利于行"，首先，我们坚信，那些折磨我们的人给予的挑剔与讽刺都是有利于我们成长，助我们坚强的。其次，认真地分析那些磨难，平心静气地吸精华去糟粕，你会赢得别人的尊敬和欣赏。再次，学会对屈辱抱有一种积极的态度，借打击或者嘲笑来锻炼自己的心性、品格。最后，不要在无法承受时哭泣，也不要在难以坚持时放弃，生命中充满了机遇和挑战，也许下一个转角处你就会看到希望，坚强地成为一个无法战胜的勇士吧！

18

关爱生命，就要珍惜当下的每一天

有些人喜欢回忆，总觉得过去的都美好；有些人喜欢憧憬，总觉得未来才有希望；那么今天呢？我们登山时会发现这样一个奇怪的现象，登山前找

到了最高的目标，可登上后却发现旁边那座山比这座山风景更美，这就是俗话说的"这山望着那山高"。难道那座山上的风景真的那么秀丽吗？

升入新的年级，有些人就开始埋怨："还是以前的老师好，还是以前的同学亲切。"毕业了，有些人就叹息地说："我这一直都在忙什么呀，这一年过得真没意思。"其实，他们没注意到，幸福和快乐就在他们的身边，爱就在他们周围。每个人都在匆匆前进，却从来没有注意过身边滑过的幸福，停下你的脚步，体味一下当下的感动吧。

小苏升入中学后，越来越不喜欢回家了，他不喜欢妈妈整天的唠叨，更不喜欢爸爸的处处约束，他觉得他与父母之间有一条不可逾越的鸿沟。

妈妈几乎每天都在楼道口等小苏回家，每当看到妈妈着急的身影时，小苏就会故意躲起来；爸爸总限制小苏玩电脑的时间，所以每当爸爸教育他时，他就会把电脑设上密码或者自动开机，熟睡中的父母常常会被电脑的突然开机而惊醒。小苏曾经咬牙切齿地发誓：有一天，我一定要离家出走，再也不回来。

日子一天天地过去了，小苏慢慢地长大了，而妈妈却没什么改变，依然像从前那样每天每时每刻不停地说，也不顾忌小苏的感受，不分场合地唠叨。父亲对小苏还是那么严厉，无时无刻地不监督着小苏的一言一行，让小苏喘不过气来。渐渐地，小苏高中毕业了，顺利地考入了同城的一所不错的大学。小苏能在学校住宿了，但他很少回家，只有周末没有办法的情况下才回一次家，那时妈妈总是给他做一桌子的饭菜，回学校时爸爸会亲自给他收拾背包。但是，小苏还是觉得父母并不爱他，他觉得妈妈做的那只是家常饭而已，爸爸给他收拾背包是为了检查他有没有不该带的东西。

因此，毕业后，他有意识地选择了一个南方的企业，这样他就可以离开那个没有爱的家了！他以为离开了家就解脱了，自由了，再也没有妈妈的唠叨和爸爸责备的日子一定很幸福，但是他错了。

一年后,小苏被查出了胃病,因为工作的原因,他几乎总是饥一顿饱一顿的,所以胃部就受不了了,他突然思念起妈妈做的饭菜,虽然没有外卖味美,但是那是永远不会伤身的家常饭。在公司,小苏常常受老板及同事的赞赏,因此他也放松了警惕,直到一次次的失误出现,他才明白爸爸当年的训斥是最好的"镇静剂",它能让人时刻保持清醒。

这天晚上,小苏打给家里打了一个电话,只说了一句"爸爸妈妈,我爱你们",就泪流满面。父亲安慰他说:"孩子,出门在外要小心行事。"母亲接过电话说:"孩子,吃好喝好照顾好自己,咱不管钱挣多挣少,只要平安就好!"

小苏咬着牙不让自己哭出声来。

其实幸福不是昨天的回忆,也不是未来的憧憬,而是当下的美好。我们应该懂得珍惜眼前的拥有,别总是觉得自己学习好辛苦,生活很无趣,当你毕业走出学校后,你就会发现,在人生最单纯快乐的年纪时,你没能得到那份无忧。

"逝者不可追,来者犹可待。"重要的是活在当下,抓住生命中的此时此刻,才能够把握好现在,体会生命的喜悦,才能够抵达和成就未来。今天正是明天的昨天,我们总一味的沉浸在过去中,或者一味地向往未来,只能忽视此时此刻,无法自拔。

玛丽出生在一个富裕的家庭中,她从小过着公主般的生活,结婚后也一帆风顺,没有什么坎坷,但是,而今年近古稀的玛丽突然经历了一连串的事故,让她备受打击。她的儿子在出差的途中遇到了火车出轨事件,不幸身亡;老伴儿一着急心脏病复发,也撒手西去了。玛丽现在常常一个人偷偷地哭,她最常说的一句话就是:"也不知道造了什么孽,今后该怎么活呀!"

三个月过去了,玛丽在女儿的劝说下走出了屋子,她看着别人老少同乐的样子就觉得心酸,她怀念过去的岁月,思念丈夫、儿子,每天都陷在回

忆中，有时笑有时哭，精神显然出了问题。有时候，她会抱着丈夫和儿子的照片哭上半天，甚至有时她觉得好像丈夫就在她身边，常常自言自语。最后，终于病倒了。

女儿把她送到医院，医生了解病情后，对玛丽的女儿说："女士，您的母亲的病在心里。她现在陷入了过去，无法走出来，如果您同意的话，我们可以这样试一试。"医生小声地对女儿说了几句，女儿半信半疑地点了点头。

"这位太太，您今年多大年纪？"医生把玛丽扶到诊室，问。

"65岁。"玛丽没精打采地回答。

"您现在要经过长期治疗才能恢复，但这治疗费用您的女儿可能无法承担。"医生遗憾地摇摇头。

玛丽看向女儿，女儿脸红红地，好像很羞愧的样子。玛丽说："即使有，我也不能让女儿给我掏治疗费的。我有些积蓄，不知道够不够？"说着，拿出一个存折。

医生接过存折，看了看说："唉，真遗憾，太少了！这样吧太太，我们这对付不起医疗费的人有个优惠，就是每天去各个房间，跟着护士查房，以赚取医疗费。"

玛丽想了想，答应了，她也没有别的选择，因为她不能给女儿增加负担，而且如果真的确诊为精神疾病的话，那是多么悲惨的事呀！从那以后，玛丽跟着护士在医院的各病房之间忙碌着，有时候碰到年纪相仿的病号还坐在一起聊聊天，渐渐地，她觉得自己轻松了很多，脸色也变得好起来。

一天，正在与邻病房的一个病号聊天时，她的主治医生来到这里，高兴地把一张纸递到她的手中，玛丽接过一看，原来是一张出院通知单。

医生说："太太，您来医院已经三个月了，恭喜您，您的病已经在您的治疗下康复了。"这时，女儿抱住玛丽，哭着说："妈妈，您吓死我了！"

玛丽不解地看着眼前激动不已的两个人，惊奇地问："我并没有吃药，打针呀,就这样就好了吗?"

"是的,因为您现在已经不活在过去了!"医生握着玛丽的手说。

天地万物,自然轮回,我们的生活每时每刻都在变化,昨天已经过去,没有必要再去反复回忆,明天还没到来,更没有必要杞人忧天。生命可贵,时间不会暂停,我们应该珍惜当下的美好,体悟生命的喜悦。去欣赏"野芳发而幽香,佳木秀而繁阴,风霜高洁,水落石出",珍惜现在的大好时光,享受生命所赐予的每一次欢乐或痛苦,这样的人生才是充实而完美的。

下面让我们参考美国著名教育家戴尔·卡耐基《人性的弱点》的介绍,为自己制定一份珍惜当下的人生计划吧!

一、我要学习。用知识填补心灵,提高修养,陶冶情操。

二、我要做事。我要为一个人默默地做一件好事;我要做一件我不情愿做的事;我要做一件不敢做的事,用这些事情锻炼勇气,见证今天。

三、我要修身。我要穿着得体、大方,举止谈吐优雅,我要多给自己赞赏,不再抱怨,不去挑剔。

四、我要定计划。我列一个计划表,把每天每个小时做事都计划进去,而且有条不紊地执行,我要全心全决心地过好每一天。

五、我要思考。我要给自己留下半个小时的休闲时间,然后静静地思考今天的得失,思考人生,思考明天。

六、我要有爱。我要从现在开始孝敬父母,珍爱朋友,只有现在我才是最幸福的,只有现在的爱才最真切,最可靠。

第 二 辑

诚 信

　　每一个人都想要得到别人的信任，信任程度就是别人从内心中对你人格的打分。孔子说"人无信而不立"，诚信，是一个人立于世界上最基本的原则。诚信是一种连接人与人之间的纽带，希望别人诚信地待你，你也有义务去诚信地对待别人。诚信是一把衡量人品的标尺，这把尺子量出了谁自私，谁无私，谁是你的朋友，谁不值得信任……当然，在量别人之前，首先要衡量一下自己。

第三章　讲诚信的人这样想

如果说生命是一颗种子，那么诚信就是浇灌种子的水，拥有了诚信之水，种子才会生根、发芽、开花……亭亭地立在世界上。认真办事，公正无私，这是我们对工作的一种诚信；精诚所至，金石为开，这是我们为人处世的一种诚信；先天下之忧而忧，后天下之乐而乐，这是我们对社会、对国家的一种诚信……

19

诚信是衡量人品的一把标尺

孔子云："人无信而不立。"这个"信"是什么呢？在生活中，我们常常听到有人说："你要说话算话哟！"这个"说话算话"便是"信"，一个人生活在世上，不可能个体存在，在与人交往中，诚实守信便成为衡量一个人人格与品质的标尺。

诚信是一个人的做人准则之一，诚信的人给人安全、正直的感觉，人们会以一种推崇而依赖的态度对待他；相反，那些不守诺言、专横霸道的人，人们就会躲他远远的，不会以真诚的心来对待他。在一个班级中，朋友最多的是那些诚实守信的人，而那些花言巧语、谎话连篇的人则会受到同学的排斥。因此，一个人的诚信度直接影响到了他在社会交往中的地位和形象。

　　春秋时期,晋献公因宠爱妃子骊姬,便杀了太子申生,把王位传给了骊姬所生的儿子奚齐。晋献公的两个儿子重耳与夷吾看到这种情况后,为了躲避危险,便逃到了其他诸侯国避难。几年后,晋献公去世,夷吾回到晋国发动了政变,当上了晋国的国君。

　　夷吾怕重耳政变夺取自己位子,于是派人四处追杀,重耳不得不四处躲藏,请求其他国的国君帮助,但是,这样一个落魄的公子,谁会"下赌注"似的派人帮助呢?在四处求助无果的情况下,跟随他一起出逃的大臣们提议他到楚国去,果然,楚成王是个重情重义之人,他接纳了重耳,并把他奉为上宾。

　　楚成王以招待诸侯的礼节招待了重耳,两个人谈话很投机,重耳也十分敬重楚成王的为人处世态度,因此两人关系逐渐变得很亲密,重耳将楚国当成了临时安营停留的地方。

　　一天,楚成王再次宴请重耳,他笑着说:"公子近来在我楚国住的可好?"

　　重耳忙抱拳说:"很好,谢谢楚王照顾得周全。"

　　楚成王看了看重耳周围的大臣说:"那么,如果有一天您回到晋国夺回了王位,您用什么来报答我呢?"

　　重耳笑着思索了一下说:"金银珠宝,象牙玛瑙,玉盘珍馐,奇禽异兽,楚国应有尽有,我能有什么拿得出手的物品献给大王呢?"

　　楚成王摆了摆手说:"公子过谦了,这些东西虽然楚国不丰盈,但孤对此也不是很感兴趣,那么公子打算给我什么呢?"

　　"借大王吉言,如果有一天我能够举旗政变,夺回王位,我愿意与楚国终年修好,让两国百姓太平度日。假使不幸,有一天两国发起战争的话,在两军相遇时,我也会命晋国将士退避三舍。"重耳笑了笑,继续说,"如果我这样退让,您还是不肯原谅依然开战的话,那我也只能与您开战哟!"

　　楚成王哈哈大笑,但楚国的大将子玉却记在了心里,特别是对重耳所说交战之事很是恼怒。宴会结束后，子玉对楚成王说："重耳太没大没小了，早晚会是一个忘恩负义的东西，我们趁早杀掉他吧，省得以后吃他的亏。"

楚成王摆了摆手，说："子玉之言差矣！"之后也没有过多地解释，还是与重耳关系很好。几天后，秦穆公把重耳接到了秦国，四年后，重耳在秦穆公的帮助下夺回了王位，史称晋文公。

重耳本就有很高的威望，即位后更是深得民心，他任用贤才，整顿部队，大力发展生产，便得晋国的国力恢复，并逐渐强大起来。中原上的一些国家都以晋国的壮大而感觉到了威胁，现在与晋国可以对抗的只有楚国。

楚国的势力也逐渐强大，他们不仅在内使国富民强，对外也呈逐渐扩张的势头，使得楚晋两国摩擦甚繁。公元前633年，楚国展开了对宋国的围攻，宋国向晋国救援，晋文公亲率大军对宋国进行了支援。

当晋楚两国军队在战场相遇时，晋文公想起了当年对楚成王的承诺，他下令全体将士后退三舍（一舍30里）共90里，把大营驻扎在城濮。楚国将士并不了解当年晋文公许下了承诺，以为晋国兵士临阵脱逃，于是立刻追了上去，想趁机削减晋军气焰。晋文公叹了口气说："我已经实现了对楚成王的承诺了！"之后他号令将士集中兵力进行反击，楚军措手不及，被晋军打得大败。

晋文公退避三舍，不违诺言的风度一进传为佳话，晋国也因此声威大震，从而成就了千秋霸业。

"君子一言，驷马难追。"晋文公在成为国君后仍不忘承诺，"退避三舍"，这一举动不但得了民心，而且为他之后成就了千秋霸业奠定了坚实的基础。由此可见，诚信是一个人立足的根本，是一个人有所成就的前提，甚至是衡量一个人人品的一把标尺。

美国格兰特将军的陵墓从远处望去，高大雄伟、庄严简朴。这片碧绿的草坪上，每年有不计其数的人来祭奠，因为这里还埋葬的绝大多数是美国南北战争时期牺牲的战士。除此之外，在靠近悬崖边儿上的位置有一座小小的坟墓，看起来极其普通，很不起眼。但是，它却承载着一段震撼人心的故事。

1797年，这片公园的土地的小主人刚刚五岁，他正和仆人在草坪上玩耍，却不小心掉下了悬崖，当找到小主人时，他已经奄奄一息，最后因抢救无效而死亡。孩子的父亲伤心极了，他把孩子埋葬在他掉下去的地方，又在那个位置上建造了一座坟墓，作为对孩子的纪念。

几十年后，这片土地因主人家道中落被转卖给了其他人，但是，主人在订契约的时候制定了一项条款：购买者要把孩子的坟墓作为土地的一部分买下，不能平去坟墓。新主人并没有提出什么异议，很痛快地签下了协议。

一百多年的时间转瞬即逝，这片土地不知道换了多少次主人，契约上孩子的名字已经因为转手而面目全非，但是孩子的坟墓仍矗立在那里，因为每个主人在转手时都把这个条件作为一项条款保留了下来。

1897年，这片土地被选为了格兰特将军及战争中牺牲的战士的陵园，这片土地的主人成了政府，政府仍然尊重了那个流转百年的条款，把孩子的坟墓完好无损地保留了下来，陵兰特将军从此就有了这样一个无名的孩子为伴。

时光飞逝，逝去的人不会再回来，又是一个一百年过去了，纽约市长朱利安尼来到陵园缅怀格兰特将军，当时正好是格兰特将军陵墓建立一百周年，小孩去世两百周年的时间，因此朱利安尼市长亲自写了关于几百年信守诺言的震撼人心的故事，把它刻在木牌上立于孩子坟墓的旁边。

岁月流转，我们与逝去的旧时光无法再次相见，但是，那位可亲可敬的父亲、一代又一代的土地的主人，还有格兰特将军陵墓的修建者、历任纽约市长，以及整个社会的恪守诚信，才使这个无名小孩的坟墓完好无损地保存下来。许多时候，我们常常说："时间太长了，我给忘记了！"其实那些都是

在为自己的不恪守承诺找借口，因为一个人如果恪守诚信的话，永远不会忘记自己曾经说过话。

一个恪守诚信的人是一个"好人"，"好人"这个词中包含了丰富的含义，其中除了善良之外最重要的是有一颗恪守诚信的心。我们以诚信作为自己为人处世的一把标尺，你会发现你身边的朋友会越来越多，你也会越来越自信。

20

丧失诚信，离失败就不远了

我们的身边时刻都在演绎着不同的故事，有些人总是自以为很聪明，动不动就跟别人耍心计，常常用些花言巧语诳人，当他开出的"空头支票"被人识破时，他便无法再存身，成为别人厌恶的对象。即使不被戳穿，他也生活在不安中，虽然得到了想要的东西，但是不能坦然的享受，最后只能自食其果，得不到幸福。

诚信可以消除人与人之间的各种猜疑，拆除人与人之间的隔墙，是一个人生活在这个世界上的存身之本。每个人小时候都听过一个关于诚信的故事——《狼来了》，这个故事让小小的我们懂得了，如果失掉诚信，就失去了处世资本，即使你再有能力，再出色，最终也会无法在世上生存。诚信是一种力量，它可以助你走向成功，当然失掉这种力量，你离失败也就不远了。

唐朝元和年间的东都留守吕元应毕生酷爱下棋，因此凡是天下爱好下棋的人都投到他的门下，成为了吕元应的座上宾。吕元应常常与他们博弈，如果谁赢了他,他就会给这个人配备车马,赢两盘的话,就可以把家眷带来寄居在他家里。

一天,吕元应再次与一个门客在庭院的石桌上下棋,正当他们拼杀到关键之处,门卫突然送了一份公文,请吕元应立刻处理。吕远应放下了手中的棋,批复起了公文,但是他并没有忘记自己在下棋。突然,他注意到门客的手一动,桌面上了两个棋子迅速换了一个过儿。门客以为吕元应的注意力都在公文上,像他这么小的动作,根本就不会被发现,但是,他不知道,吕元应不但看到了,而且看得清清楚楚。

吕元应批复完公文,并没有揭穿门客,仍与他下完棋局。结果很显然,门客胜了吕元应,门客在回住处的路上,满脸堆笑,他得意地等着吕元应给他备车马,从此提高生活水平。他的愿望当然落空了,第二天,吕元应带着很多的礼品来到门客处,请门客另投他门,其他门客有的以为吕元应虚荣,因门客赢了棋而丢了脸,所以把门客请走;有的人则认为吕元应不是一个信守承诺的人。但是吕元应对此一句话也没有解释。

几十年过去了,吕元应在去世之前,把儿孙子侄叫到身边,回忆起那场棋局。他把门客换子的事儿告诉了孩子们,并嘱托说:“交朋友要谨慎,他看似只为了赢一场棋而换了子,事儿虽然小但却把他的人品暴露了出来,这样的人心迹颇深,不能深交的。”

下棋是一种约定,人们常说:“棋品即人品”,看一个人对待棋局的态度就可以看穿这个人的人品。我们的日常生活本来就没什么大事,一些偷奸耍滑,不守信用的事虽然没有造成什么恶劣影响及后果,但是却给别人的心理上烙下深刻的印象,成为之后人生发展的隐患。

“一滴水可以见到整个太阳”,生活中一些看似不经意的小事可能会造成很大的恶果。一个人要信守承诺,哪怕这个承诺非常小,甚至微不足道,也要认真地去遵守,因为那是一个人诚信的表现。

大龙今年已经成年了，在一所著名的高中读书，毕业后，他想外出闯一闯，就去了一所国外的大学开始了他半工半读的留学生活。

大龙所在地方的车站是开放式的，不像国内的车站一样有检票口、检票员。大龙觉得自己是一个穷学生，能省点就省点儿，再说了，如果逃票的话，被查到的几率非常小，或者说根本不会被发现。

几年的大学生活就在忙碌中过去了，大龙以优异的成绩从这所著名大学毕业，他以为以金字招牌的毕业证加上自己门门优秀的成绩，肯定会收到很多企业的邀请函。大龙也忙着东跑西跑的应聘，但是，结果却让他很失望。大多数公司都对他大为赞赏，但是隔几天后就会给他打婉言拒绝的电话，这是为什么呢？

陷入迷惘的大龙觉得莫名其妙，直到有一天他收到了封电子邮件才解开了这个谜。

邮件是由一家他应聘公司的人力资源部发来的，措辞很委婉，大龙终于从中找到了自己找不到工作的理由。

信中对大龙的才华很赞赏，而且也很欣赏大龙的能力，只不过当他们查阅了大龙的信用记录后拒绝了大龙的申请。因为大龙曾经有两次逃票被罚，这不只说明大龙不遵守规则，更能证明他是一个不讲诚信的人，那样的人不值得托付，不值得信任。

大龙阅读完电子邮件后，感慨万千，懊悔、羞愧、绝望一波波向他袭来。

公司在查大龙的信用记录时，虽然只查到了两次，但这两次足以让人联想到很多次。只是为了一时方便、一时利益，而把个人诚信丢到一旁，真是得不偿失呀！"一诺千金""一言九鼎"是君子之风的体现，一个人如果想要在社会上立足，成就一番事业，那么就要做一名君子，成为一个诚实守信的人。君子所成就的是一生，而小人所成就的只是眼前。

俗话说："说出去的话就像泼出去的水。"水既然已经泼出去，那么就无法收回了,话也是这样,既然说出去了,那么你只能按照自己的话把以后的事情做好。诚信就像一个风向标,它时刻指引着你前进的方向,假使你把它丢掉,那么必将陷入迷惑之中。

我们现在有时会找各种理由为自己的错误作掩饰:作业计划中今天完成的练习,会找各种理由安慰自己把作业拖到明天;答应朋友话,转眼就忘记;对父母发誓说不看电视,好好学习,结果没几天又贴到了电视跟前。诚信不是挂在嘴边的词语,而是从任何小事都可以践行的人生准则,让诚信成为你的力量,助你一臂之力,走向成功吧!

21

信誉是人生最好的资本

哲学家康德说:"有两件事情可以引起我们内心深处深深的震撼,一件就是璀璨的星空,另一个就是我们做人的道德准则——诚信。"如果我们以诚信来贷款的话,信用是你得到存款的抵押,名誉是存款的账号,承诺便是你的支票。你可以用支票任意"消费",成就自己。假使说你失掉了其中一项,那么你的人生也就变得一无所有了。

"言必信,行必果。"人生最大的一笔资本就是信誉,如果一个人失掉信誉,他将会变成"穷光蛋",人生也将变得毫无意义。任何流传千古的成功者,都是以良好的信誉为自己埋下成功的种子,生根、发芽最终获得丰厚的收获。国际上"房地产大王"乔治之所以成为著名的房地产经营家,就是因为他的诚信经营。

乔治白手起家,最开始只是做房屋的销售工作,并没有拥有自己的房

地产公司。

一次，他销售的房子是一个老屋，房屋架构都还不错，就是年头太长了，如果买下后当年就得翻修。第一次看房的是一对年轻人，他们的钱很有限，想找一处能直接入住的房子。乔治带着两人看完房子后，他们对房子的位置及结构都很满意。乔治很想做成这单生意，但如果要告知他们需要修缮后才能入住的话，那么他们肯定会改变主意。乔治思考了一下，还是坦诚地对他们说："这栋房子需要花5000美元重修屋顶。"

当乔治的话说出后，这对年轻人果然放弃了，几天后，他们通过别的销售人员花钱买了另一栋类似的房子。老板对乔治的做法很不满意，他把乔治叫到办公室，发了火："你在干什么？同样的房子为什么你没卖出去！"

乔治低着头把那天的情况叙述了一遍，老板的火更大了："他们问你房子修缮问题没有？"

"没有。"

"那你就没有必要告诉人家要翻修呀！太蠢了！你的这种行为太蠢了，收拾你的东西，请离开吧，你不适合做这份工作！"老板摆摆手，让乔治离开。

乔治收拾东西离开了公司，他因为一句真话而失去了一份工作，但乔治并没有觉得自己哪儿做错了。他认为作为一个人或者做生意应该把诚信放在第一位，不能以欺骗或者隐瞒的手段来获得成功。

乔治的父亲曾经对他说："与别人一握手合同就敲定了，所以你说话办事必须要讲诚信，不能只看眼前的利益。如果要想长久的发展下去，你必须给人家讲诚信。"乔治深深地记住了父亲的话，他不想为了获取暂时的成功而丢掉自己做人的原则，信用比多少金钱都贵重。

之后，乔治向一些亲朋好友借了一笔钱，开了自己的第一家房地产交易所。几年后，人人都知道乔治最讲诚信，很多人要买卖、出租房屋时都找乔治来办理,人们相信乔治不会有欺诈行为,靠得住。因此,乔治的生意逐渐扩大,赢得了良好的声誉,之后迅速扩展到了全国各地。

乔治因为诚信而丢了工作,但是却因此得到了自己良好的信誉,因此才能东山再起,取得了最终的成功。如果当时他只看到眼前的利益,而丢掉诚信的话,那么他的名声也就会跟前滑落,最后只能穷困潦倒的终其一生。也许生活、学习中,会有各种各样的诱惑靠出卖名誉而得到,那时你一定要三思而后行,从长远角度来看,眼前的利益或者损失都是一时的,而靠诚实建立起来的信誉,树立的名声才是永久的。

当你拥有了良好的信誉,你会骄傲地发现你的内心无比踏实、安全,你会结识更多的朋友,机遇也会随之而来,让你取得意想不到的成就。

1779年,德国哲学家康德打算去探访老朋友威廉,威廉住在一个名为珀芬的小镇上,康德去时给他发了一封电报,告知朋友自己将要在3月2日上午11点之前到达。

3月1日,康德到达了珀芬,第二天早上,他从街上租来一辆马车赶往离小镇十几里的威廉的农场中。途中他经过了一条小河,马车夫遗憾地对康德说:"先生,我们不能再往前走了,对不起呀,桥坏了!马车过的话太危险了。"

康德看到桥面的确已经断裂了,河面虽然不是很宽,但是水很深,现在是冬天,河面上结了厚厚的冰。"那怎么办呢?难道附近没有别的桥了吗?"康德想着给威廉定下的时间,焦急地问。

"有是有,"车夫想了一会说,"不过那座桥距离这里有六英里远。"

康德看了一下表,时针已经指到了10的位置上,离约定时间最多还有一个小时,康德询问车夫说:"那么,我们走那座轿到达农场的话得到什么时间?"

"大约十二点半吧!"车夫说。

"如果我们走这座桥呢?最快几点到达农场?"康德注视着眼前的桥问。

"这个,最快40分钟。"车夫回答。

康德思考着,他左右观察了一下,突然想出了一个主意。他跑到附近一个破旧的房子里,女主人正在门外劳动,康德焦急地说:"您好,请问您的这间房子要出售吗?这间最破的!"

女主人吓了一跳,那间房子几乎要露出顶来了,这个外乡人为什么要买呢?

康德见女主人惊讶的样子,说:"您愿意吗?需要多少钱?"

女主人吞吐地说:"给……给两百法郎吧!"她虽然不确定眼前的这个人要干什么,但那么破旧的房子卖两百法郎的确赚了!

康德痛快地付了钱,马上说:"请从房顶上把那几根长木拆下来吧,20分钟内把桥修好后,我会把房子还给您。"

女主人马上叫来儿子们,帮着康德修桥。桥修好后,马车顺利地过了桥,差10分钟11点的时候,康德顺利地到达了威廉家。

威廉拍着康德的肩膀说:"亲爱的朋友,你可真守时呀!"威廉热情地接待了康德。

威廉把康德送走后,无意中听到了河边人们的议论,他很感动,马上给康德去了一封信。信中他赞扬了康德的守时,并说:"老朋友的约会晚点没关系的,再说你还遇到了意外,有必要那么追求守时吗?"

康德认真地回了信,信中说:"老朋友,在我看来,无论做什么事守时是必要的,它是对人的尊敬,对事的尊敬。"

从小老师就教育我们:"上课不要迟到!"培养我们守时的好习惯。其实守时虽然看似简单,却是一个人诚信的外在表现,是构建一个人良好信誉的前提条件。康德为了遵守与老朋友的承诺,虽然遇到了意外,也想尽办法按时到达,这是他良好信誉的外在表现。我们在生活中有很多人并不看重这些简单小事,殊不知一件件的小事堆积起来,就形成了一个人良好的信誉。

"人无信,则不立;业无信,则难兴。"这句话诠释了信誉的含义。当一个人拥有良好的信誉时,路会走得更顺畅,生活也将会更美好。

22

说话算数的人最厚道

世上的人形形色色,有种人大智若愚,在别人眼中他为人实诚,无论在什么条件下,他都活得明白,轻快,洒脱,这种人就是被人们称为的"厚道人"。人们乐于与"厚道人"交往,因为与他们交往心里无需设防,不用担心会被出卖,最重要的是他们诚实守信,对于自己许下的承诺会一一兑现,说话算话。

诚信之人心存厚道,他们以仁爱之心,感激之情对待这个世界,无论何时都懂得惜福,他们能以微笑接受这个世界的风雨。留心观察身边的人,你会发现那些说话算话的人身边朋友最多,因为他们不刻薄,实实在在,从不骗人,表里如一,朋友乐于与他交往,他就是"厚道人"。厚道的人让人信任,让人感动,最重要的是让人充满安全感。

东汉时期,汝南郡的罗鑫和山阳郡的朱文是同窗好友,都在京城洛阳读书。当学业结束,面临分别时,朱文流着泪,仰面向天对罗鑫说:"兄弟,今日一别,何时得见呀!"说完,泪水止不住地流满下来。

"朋友,别这样,等安顿好,两年后的秋天,我一定会到你家拜访,与你相聚。"罗鑫抱着朱文也流着泪说。

时光飞逝,两年很快地过去了,当朱文站在院子中听到空中雁啼时,他

忽然想起了罗鑫的话，不禁潸然落泪："兄弟，你还记得约定吗？什么时候来呢？"突然，他回头进屋，喊着母亲说："娘，我们快快准备吧，刚刚我听到雁叫，秋天来了，罗鑫也快来啦！"

母亲很惊讶地看着儿子，知道他思念朋友，便提醒儿子说："汝南郡多远呀，离我们这儿1000多里呢，罗鑫不会来的！"

"不会的。罗鑫为人正直，极守信用，虽然1000里路也会来的！"朱文理直气壮地对母亲说。

母亲摇摇头，但见儿子这么坚定，只好哄着儿子说："那好，如果你说他会来，我就去备点酒吧！"朱文数着手指算着日期，一天，罗鑫真的来了，他一脸疲惫，风尘仆仆，朱文上前一把抱住罗鑫，痛哭起来。

两个老朋友在一起谈天说地，热闹非凡。朱文的母亲看到满身疲惫的罗鑫，知道他赶了很远的路，感慨地跟着儿子流起了眼泪，说："儿子有这样一位厚道的朋友，今生足矣！"

在古代没有汽车、火车、飞机的情况下，一个人忙着赶1000里路，真不是一件简单的事。罗鑫与朱文的故事传为一段佳话，罗鑫的确是一位厚道人，他把讲信用放在了第一位，虽然朋友分别两年，但既然话说出了口，就要尽最大努力去兑现，这便是厚道。

厚道，是中华民族的优秀文化传统之一，自古以来，厚道就是中华儿女"修身"的基本品质。古人说："惟诚可以破天下之伪，惟实可以破天下之虚。人若无信，不知其可也。"可见，古代人对"一言既出，驷马难追"的诚信很看重，承诺是诚信的重要组成部分，而诚信就是厚道的一种表现形式。

诚信的人拥有着一张名为"厚道"的名片，如果一个人满口谎言，说话不算数，或者处处算计别人，即使他的能力再突出，在人际交往中也不会顺畅，因为人们在能力和品质之间做选择时，往往会把品质放在第一位。

刘小敏是一位虚荣心极强的人，身为销售行业的她最大的爱好就是在别人面前炫耀她的人脉关系,称自己与哪个老板很熟识,跟哪位官员有业务往来。但是了解她的人都知道,刘小敏认识的人的确多,但没有一个真正的朋友,她的人缘差到了极点。

最初认识刘小敏,都觉得她为人热情大方,人品极好,哪怕最初相识的人,也常常拉着人家的手问长问短,甚是关心。但是,时间一长,人们就发现了刘小敏的本质,她常常给人开一些空头支票,自己说的话转眼就忘,许下的承诺也很少兑现。

一次,刘小敏的几位朋友打算去苏杭玩,因为节假日的人非常的多,大家担心订不到机票,于是计划通过服务公司买高价票。刘小敏知道这件事后,夸下了海口,说:"你们也真是,订什么高价票呀,这种小事我一个人就办啦!我同学是机场地勤,我一个电话就搞定了,你们要留几张?"

朋友听到刘小敏的话,非常高兴,帮让刘小敏给同学打电话,刘小敏却拿起了架子说:"不过,这种时候机票也很紧张,所以打不打折我可不能保证哦!"

"不用打折,"朋友忙说,"我们能按原价买到就不错啦!回来以后我们一定好好谢谢你!"刘小敏拍着胸脯做了保证了。假期马上就要到达了,朋友向刘小敏提起票的事儿,刘小敏一听,马上紧张起来,因为那天她只是随口说说,根本没有打算要办那件事儿!

"那个,那个,我同学说了,上级查得严,留不了票,你们想办法自己买吧!"刘小敏忙着推责任。朋友听到这句话后气极了,现在已经接近假期,别说普通票,就是买高价票的机会也没有了。

之后,事情传开了。刘小敏每次处理事儿的时候几乎都这样,所以人们再也不相信刘小敏,刘小敏虽然有一张巧舌如簧的嘴,却被孤立起来了。

刘小敏之所以人缘差,主要是因为她的不厚道而造成的。谎言在真实面前永远站不住脚,如果不能做到,就不要给人许愿,如果能做到,承诺后

就要马上行动，不要等到机会错失再想着挽回。电视剧《手机》中有一句话传遍大江南北，那句话就是"做人要厚道"。厚道是一个人立于世间的最基本的原则，是建立良好人际关系的保障。

说话不算话，做事斤斤计较的人都是不厚道的人，在别人眼中这样的人就是没有诚信的伪君子。诚信的外在表现就是为人厚道，以诚为本，诚实守信的人才能得到别人的认可，为人厚道才能赢得好的人品。

23

诚者，天之道；思诚者，人之道

孟子说："诚者，天之道；思诚者，人之道。""诚"指的是真实无妄，天指的是自然，天之道也就是自然之道，即自然规律。在自然界中宇宙万物是真实不虚地存在的，没有任何虚假，因此真实是自然、宇宙万物存在的基础。思诚指的是为人之道，即做人的道理或者法则应该以"诚"为本，也就是说人应该把追求诚当作为人的基本理念。

"诚"也就是诚信，做人真实、不欺骗、不作做，不掩盖缺点错误；与人交往更要讲诚信，言必有信，说到做到，不折不扣地履行合同承诺。《大学》中说为人应该讲"诚意"，也就是说无论是与人相处，还是独处，无论是在别人监督下，还是无人知晓的时候，都应该言行一致，内外统一，真实不虚。

1995 年 7 月 6 日上午，海尔总部收到了一封来自广东海丰用户陈志义的一封信，上面表示：要求购一台"玛格丽特"洗衣机。于是海尔总部马上要求下属企业海尔梅络尼公司与他约好上门送洗衣机。当天晚上 11 时，一台海尔玛格丽特洗衣机由青岛运至广州。

　　7月7日早上6时,海尔梅络尼公司派驻广州安装维修人员毛宗良开始送货,他租了一辆车把洗衣机送去,下午2时,眼看马上就要到达潮州了,意想不到的事情发生了。

　　交警伸手拦住了车,这辆车的手续并不齐全,必须把车扣下,毛宗良再三恳求送到货后马上把车送回,但依照制度并不能徇私。毛宗良就这样被扔在了前不着村,后不着店的地方,就是离最近的海丰城,也还有四五里的路程。

　　上面大太阳晒着,路上的车跑来跑去,没有停下的意思,有些车停下来,听说要运洗衣机便拒绝了,因为太大了,一般的车根本没有办法装上。时间一点点过去,到了下午3时,毛宗良心急如焚,他用绳子把洗衣机绑在身上,原来他决定要背着洗衣机走那四五里路到海丰城。

　　毛宗良顶着38度的高温,背着洗衣机在路上蹒跚前行。不一会儿,他已经大汗淋漓,衣服已经全被汗浸透了,路过的行人都以异样的眼光注视着这个奇怪的人。当洗衣机送到陈志义的家中,他得知是毛宗良背着洗衣机送来的时候,特别感动,称赞海尔信守承诺,并写了一篇表扬文字刊登在了报纸上。

　　海尔公司因为一封普通的求购信,辗转送货,特别是维修人员毛宗良,为了履行约定竟然背着洗衣机走了四五里的路程。

　　现实生活中,很多人缺失诚信,虚假作弊,自认为自己很聪明,实际上无形之中他已经给自己带来损失。有人给自己的不讲诚信找了很多理由,比如,当他作弊时,会解释为我也想考好呀,但题太难了,所以要作弊;当他说谎时,他会说这哪能叫说谎呢?这是善意的谎言……总之,当他不守信时,他会找一百个理由来给自己开脱。

　　人们对于这些人会说:"很会说话"、"很聪明",但是这些话并不是什么赞扬,无形之中他在人们心中的地位就会渐渐下降,他们虽然觉得获得了

一时的利益,但却失去了为人的基本理念。把诚信当作为人根本要求的人,自觉地树立诚信的意识,才能成为成功的奠基石。

秦朝末年,楚国有一员勇将名为季布,他为人耿直,乐于助人,而且特别重诚信。无论是在什么情况下,只要答应过别人的事,他都会想办法兑现,从而得到了"得黄金百斤,不如得季布一话"的美谈。

楚汉战争时,季布骁勇善战,他跟随西楚霸王项羽围剿汉军,吓得汉王刘邦一退再退,险些丢了性命。当项羽兵败,乌江自刎之后,刘邦打败项羽后做上了皇帝,史称汉高祖,季布从此隐姓埋名,四处逃亡。刘邦之前就对季布恨之入骨,悬赏千两黄金捉拿季布,并发布诏令,称:如果谁窝藏季布,灭其满门,诛其九族。

季布知道消息后,四处躲藏,一天,季布躲到濮阳的一户姓周的人家里,周氏非常诚恳地对他说:"太守奉旨捉拿将军,马上就要搜到我家了,实在是不便让您在我家躲藏。将军如果信得过我,就让我来安排吧!"

季布虽然有些怀疑,但当时并没有别的办法,只好答应。于是,周氏把季布打扮成一个奴隶,卖给了山东的一位义士——朱家。

朱家装作不认识季布,于是让季布去管理田园,并对儿子说:"不能把他当作奴隶,要好生对待。"

朱家与汝阴侯滕公是旧识,他在买季布之前就打算去拜访滕公了,现在一切安排妥当,他采办了很多礼物,驾着车赶到长安拜访滕公。

滕公也大摆筵宴,招待朱家,他们一连喝了几天的酒,席间,朱家问滕公:"您知道季布犯了什么罪吗?为什么陛下要下诏捉拿?"

滕公叹了一口气说:"陛下记恨于他呀,当年季布曾经帮助项羽围困陛下,害得陛下差点丢了性命。"

朱家点点头,又问:"那季布是什么样的人呢?"

滕公回答:"你不知道吗?季布为人天下人尽知呀,他是一位恪守诚信的志士,而且有经天纬地之才呀!"

朱家见滕公对季布评价极高,便趁机为季布求情。滕公也觉得季布是不可多得的人才,如果他能为汉王朝效力的话,那么江山一定会更加稳固。于是,滕公答应了朱家一定要力谏汉高祖,让季布赦免。

时隔不久,滕公拜见汉高祖刘邦,趁机提起了季布,说"主上刚得江山并不稳固,正是广纳贤士之际,你不是下诏擒拿一个叫季布的吗,我觉得这并不是什么高明的做法。"

刘邦奇怪地看着滕公,让他继续说下去。

"季布是一位仁义之士,民间早已经有'得黄金百斤,不如得季布一诺'的说法,所以天下的人对季布都很敬仰,您看,您如今虽然布下天罗地网,可不是还是找不到季布吗?假如有一天,您把他逼急了,他投奔敌国,专门与您作对,您不是得不偿失了吗?"滕公看刘邦一直在听,又继续说,"因此,我觉得您还不如赦免了他,一是让天下人知道您爱惜人才,二是让季布感激从而为您效忠。"

刘邦点点头,觉得滕公说得很有道理,于是下诏赦免了季布,并以丰厚待遇招回,让其为朝廷效力。

季布言而有信得到天下人的支持,他做了很多仁义之事,因此天下人也以仁义、诚信待他。

人应该有"壁立千仞,无欲则刚"的博大;更应该有"一言既出,驷马难追"的气魄。让我们以诚信为名立下誓言,人若能学习天道至诚的精神,在人际交往中做到真实不二,忠诚守信,则也会精诚所至,金石为开。

"诚"为上天所遵循的大道,也应为人的心灵所遵循的大道。

24

连真诚都做不到，更不要说守信

中国的汉字很奇妙，往往造字造词时就决定了它所代表的意思。我们把"诚信"两个字拆开发现，"诚"在前而"信"在后，这说明，如果一个人要做到诚信的话，首先要"诚"，也就是真诚、诚实，它是诚信的基础，如果连基础都打不牢，那么何谈"信"呢？

真诚是最宝贵的财富，为什么有些人不守信，大部分的原因在于他们在许下承诺时就不真诚，也就是说，用本就错误的论据来证明论点，最终论点怎么会成立？因此，如果判断一个人是否诚信，那么首先要看他平日为人处事是否真诚。心中有了真诚的火苗，那么诚信就会燃烧，照亮别人，照亮自己。

战争中，最无辜的就是贫民。就在人们等待战争结束时，突然几发迫击炮弹突然落在一个小村庄的孤儿院里，里面的一名传教士和两名儿童当场被炸死，还有几名儿童被炸伤，特别是一位八岁的小姑娘伤势非常严重。

村子里的人赶快请求美国军队救援，当美军的战地医生和护士带着急救药品进入小镇时，他们发现，小姑娘当时的情况非常危急，如果不能迅速输血进行手术的话，小姑娘便会因失血过多而休克，最后窒息而死。

但是美军的战地医生和护士并没有带着与小姑娘的血型相符的血浆，万般无奈之下，他们向全镇的人号召献血。因为语言不通，护士很艰难地用手势与村民交流，说明这个小女孩的危急情况。

"谁可以献血呢？"护士问着。每个人都睁大了眼睛，不知道护士在说什么，这时，一个男孩子突然举起了手，但是忽然又放下了，一会儿后又咬着牙举了起来。

"你真是一个勇敢的孩子。"护士夸奖着，艰难地用当地的语言问，"你叫什么名字?"

"麦克。"那个孩子颤抖着回答。

当护士用酒精消毒后，拿起针扎入麦克的血管时，他突然剧烈颤抖起来，并迅速用一只手捂住了自己的脸。

"疼吗?"护士问他。麦克摇摇头，但过了一会儿，他又抽动了一下身子，并再一次试图用手掩饰他的痛苦。医生又问他是否因为针刺痛了他，他又摇了摇头。

正在这时，一名当地的护士赶来了，他看到麦克咬紧牙关的样子，立刻询问原因。麦克眼中含着泪解释着，护士笑着对美军战地医生说："他误会你们的意思了，他是这个小女孩的哥哥，他以为你们要抽干他的血才能救他的妹妹。"

医生听完笑着拍拍麦克的脑袋，说："你真是一个勇敢的孩子，放心，你不会把全部的血都输给妹妹的。但你为什么在以为自己会失去生命的情况下，愿意输血救妹妹呢?"

"因为我是他的哥哥，我要保护她，我不能让她离开我。"麦克坚定地回答。

人人都需要相互信任，支持，真正的朋友是可以共患难的。麦克无私地为妹妹搭起了一座生命的"桥"，兑现了他对妹妹的承诺。日本著名的佛学大师池田大作说："一个诚实的人，即使他的缺点再多，与他接触的人也会觉得心神安宁。这样的人，一定事业有成并得到幸福，因为以诚待人的他得到的也是别人以诚相待。"

有些人认为，如果我真诚地对待他，那么他不真诚待我，我不就成了傻子吗?的确,有些人很虚伪,常常把别人的真心扔到水中,但是,这样的人最终也无法得到朋友,无法在社会上立足。所以,哪怕有些时候我们的真诚遭到了践踏,也不要以偏概全,因为他们的劣行总有一天会被曝光,最终遭到社会的蔑视和排斥。

在苏梅小时候,家里就常常教育她得多长几个心眼儿,省得被人骗了,跟人交往相处时也要留一个心眼儿。但是,苏梅的心中一直觉得只要真诚待人,人家就会真诚待自己。所以,当苏梅顺利地从一所对外贸易大学毕业,对口进入了一家公司负责贸易业务后,她每天都以坦诚态度对待人,与人相处起来更是小心翼翼。

工作后,她总是第一个来到公司,帮助同事们打扫卫生,擦拭桌椅,其中李贵的桌子最难收拾,他是一位业务员,经常加班,因此桌子上常常堆满各种报表和书本。公司每个月都要聚会一次,苏梅主动担当勤务员,李贵觉得苏梅对他一直挺照顾,因此表示愿意教苏梅跑业务。

因此,苏梅跟着李贵开始做起了业务工作。一天,苏梅试着帮李贵做一份策划方案,但是,因为第一次接触那些数据,一不小心把两组数据弄颠倒了,他们提交的方案被否决。李贵对此事大发脾气,并说:"苏梅,你是故意弄错的数据吧?枉费我一番好心,你是帮着哪个人做的业务间谍吧?"

苏梅听到这种话虽然很伤心,但她没有使小性子,反而更加用心起来,李贵见到苏梅的表现,也开始反省自己,并为自己的一时冲动向苏梅道了歉。

有一次,李贵在业务过程中,突然急性阑尾炎发作,疼得死去活来。李贵是外地人,手术后没有人照顾,苏梅就天天在家炖鸡汤给李贵,并且把李贵的业务也处理得干净利落,同事们对苏梅都很佩服。

几个月后,公司对新进人员进行考核,当请同事们评价时,大家都给苏梅的评价为优秀。苏梅以全公司第一的优秀成绩进入了这家公司。在就职演说中,她激动地对大家说:"不要认为世界上没有真诚,只要你真诚待人,人们便会真诚待你！"

李嘉诚说："你必须以诚待人，别人才会以诚回报。"苏梅虽然从小受到了谨慎小心的教育，但是，她却坚持自己的想法，以诚待人，最后得到了最好的回报。

美国著名心理学家约翰·安德森曾在一张表格中列出了 500 多个描写人的形容词，他邀请 6000 多名大学生挑选出他们所喜欢的做人品质的词。调查结果显示，"真诚"是大学生给予评价最高的形容词。在 8 个评价最高的候选词语中，其中有 6 个和真诚有关，它们是：真诚的、诚实的、忠实的、真实的、信得过的和可靠的。大学生们对做人品质给以最低评价的形容词是"虚伪"。

真诚待人是一个双赢的行为，只要你真心付出，就会得到别人的一颗真心。在真诚的基础上建立的诚信，才是真正以诚为信，相信真诚的人必会守信。

25

在人生的岔路口，诚信为你指引方向

有了真诚作为处事的基础，你的诚信度就会提高；有了诚信作为人的基础，你的人生就会无阻。人生并不是一条畅通无阻的大路，它有时泥泞，有时坎坷，甚至还有无数的岔路口让你选择。俗话说："一失足成千古恨。"当遇到人生岔路口时，不能做出明智的选择，最终只能陷入悔恨中。

诚信，就像是一面风向标，在每个岔路口来临时，它会指引出正确的方向。在错综的社会中，诚信就是斩断乱麻的剪刀；在纷繁的琐事中，诚信就是解开疙瘩的巧手。诚信决定了一个人的命运，坚持诚信为原则的人，会赢得良好的声誉，得到众人的帮助；而丧失诚信原则的人，人们会渐渐疏远他，即使再出色，也无法在社会立足。

1835年，伊特纳火灾保险公司在美国纽约成立，为了打开市场，这个小小的公司采取了一个具有戏剧性的措施：组建公司时，入股的人不用马上缴纳现金，只需要在名册上签上自己名字，便成为了股东。

不用交钱就可以入股分红，这简直是天大的好事，大家纷纷报名，签名的人中有一个叫摩根的人，他本来就盘算着不费力、不投资就可以发财的门路，现在这天上掉下来的大馅饼他当然不会放过。

公司以这样的方式成立了，但刚一成立就遇到了一个大客户发生了火灾，按保险合同上的规定，公司将要赔偿一笔巨款，如果不能支付的话，那么刚成立不久的公司也便倒闭了。签名的股东们听说这件事后，纷纷撤股。摩根也陷入苦恼中。再三考虑之下，摩根终于下定了决心，他觉得自己的信誉比金钱更值得拥有，有了信誉就不怕后面没钱赚，于是，他卖掉自己的房子并向银行四处筹款，以最低价收购了股东的股份，成了公司的老板，他按照合同如数做了赔偿。

摩根的这个做法，使伊特纳保险公司树立了信誉，而摩根现在除了一个即将破产的公司外，身无分文。摩根打算再搏一把，他打出了这样一则广告：如果您到伊特纳火灾保险公司投保，保险金一律加倍收取。

人们对此很是惊奇，一个即将破产的公司，不但没有降低投保金，反而加倍，这是在干什么？但是，早已经以信誉扬名的公司迎来了无数的投保者，因为在人们心目中伊特纳火灾保险公司是信誉的象征，比那些大的保险公司更值得信赖。

孔子说"与朋友交，言而有信"，诚信让摩根先生绝处逢生，最终成为了华尔街的主宰。如果当年摩根只注意眼前利益而放弃赔偿的话，那么他的信誉将失去，别说拥有公司就是在社会上立足都很难了。

人们如果把诚信作为人生之根本的话，那么即使一无所有的情况下，你还有诚信，它会让你找到"出头"的方向，指引你走向下一个成功。

美国环球广告代理公司雅利安公司是年轻人梦寐以求的公司之一。因业务拓展，他们公司准备招招聘四名高级职员，分别担任业务部、发展部主任助理，待遇自然很优厚。

竞争是激烈的，凭着良好的资历和优秀的考试成绩，安东尼荣幸地成为十名复试者中的一员。雅利安公司的人事部主任戴维先生告诉安东尼，复试将由全球著名的大企业家贝克先生主持。

贝克先生只有四十岁左右，听说他从一个报童到美国最大的广告代理公司董事长、总经理，充满了传奇色彩。安东尼对此很紧张，一直琢磨着怎样把自己推销出去。终于迎来了复试中的单独面试，安东尼来到一个小会客厅，他看到对面的沙发上坐着一个考官，那就是传说中的贝克先生。

正当安东尼局促不安时，突然贝克先生快步走上前，说："哦，安东尼！是你……是你呀！"说话的声音很激动，他握住了安东尼的手，继续说，"我找了你很长时间了，原来是你！啊，太好了！"

贝克先生说完，转身对另个几名考官介绍说："先生们，他是，他就是救我女儿的人！"

安东尼被贝克的热情吓住了，心脏"砰砰"地跳个不停，一时语顿。

贝克还是那么激动，他一把把安东尼拉到沙发上，拍着安东尼的肩说："你说，我的驾船技术怎么那么差呢，如果那天没有遇到你，我的女儿就永远离开我们了。"他对另几名考官解释说，"那天，我的女儿掉进了密西西比河中，就是他，安东尼，救了我的宝贝。对不起呀，安东尼，当初我只忙着照顾女儿了，连声谢谢都没说。现在好了，你来这里了，我相信你，你被录取了！"

安东尼终于听明白了，他压了压心跳，说："先生，贝克先生，很对不起，

我从来没有见过您,更别说救您女儿了。"

贝克先生瞪了一下眼,提示说:"你忘记了吗?去年,四月份,怎么不是你呢?我都记得你脸上的痣!绝对错不了!"

安东尼很坚决地站起来,认真地说:"贝克先生,我深知您找救女儿的人心切,但您真的弄错了,我从来就没有去过密西西比河,而且我也不会游泳。"

贝克先生被安东尼的举动震了一下,忽然他大拍着手说:"很好,年轻人,你可以免试了,你的诚信足以进我们公司了!"

就这样,安东尼顺利地进入了雅利安公司,几天后,他和一位公司职员闲聊时,说到了贝克,问:"那位救贝克先生女儿的年轻人找到了吗?"

同事大笑起来,对安东尼说:"贝克先生的女儿吗?对,他根本没有女儿,不过,在你之前有很多人被他的女儿淘汰了!"

安东尼的诚信让他在复试中赢得了良好的声誉,如果在贝克先生描述中安东尼耍小聪明顺势而行的话,他可能也是淘汰者的一员了!

一个好的声誉需要诺言来实现,说出去的话像泼出去的水,它是无法收回的。做人处世,信誉不仅给你带了巨大的财富,也是你人品的展现。在岔路口,请以诚信为风向标指引你前进的方向,你将会有一个更加美好的前程。

26

诚信是一个人立身处世的根本

孔子云:"人而无信,不知其可也。大车无輗,小车无軏,其何以行之哉?"孔子把诚信称为一个人立身处世的根本,又把人生比作大车小车,把诚信比作大车小车上的销子,如果没有销子的话,那么车不能前行,人生也就没有了未来。

诚信的人为人诚实,不伪装、矫饰,他们以极其平和的姿态生活在这个世界上,不会受到外界的干扰而改变自己为人处事的原则,因为他们早已把诚信作为了一个人立身处世的根本。曾子说过:"吾日三省吾身:为人谋而不忠乎?与朋友交而不信乎?传不习乎"可见曾子是一个对自己要求相当严格的人,他尤其重视自己的道德修养,他所指的"三省吾身"中两条都以"诚信"作为了前提。

孔子弟子三千,其中曾子是他三千弟子中得意门生之一,人们把曾子尊为"宗圣",当年,曾子杀猪取信于子,这个有关诚信的故事流传千古,从中我们知道了曾子为什么会被尊为"宗圣"。

曾子的妻子要到集市上去,小儿子哭闹着要跟着去。曾妻便哄骗儿子说:"乖乖在家,回来时妈妈给你杀猪炒肉!"儿子听说有肉吃,便不再哭闹答应妈妈乖乖在家等待。

曾妻认为只是哄一哄小孩子的戏言,但她从街上回来后,便看到曾子拿着绳子把猪捆上了,在旁边还放着一把雪亮的尖刀,曾妻一把拉住曾子问:"你这是干什么?"

"杀猪呀!"曾子淡淡地问答。

妻子一见慌了神,要知道他们生活并不富裕,如果杀掉猪的话,那以什么来养家呢?想到这儿,她赶快制止曾子说:"我刚才是哄孩子玩的,跟小孩子说的话你当什么真呀!"

曾子叹了一口气,语重心长地说:"孩子虽然年幼,但是什么事情都懂的,如果这次失信于他,那么他以后像我们一样,说出的话当戏言,失信于人怎么办?不能教孩子说假话,父母要以身作则。再说了,如果你这次骗了他,他上了当,那么他就会觉得父母说话不可靠,以后你再说什么,他也便当作为戏言了!"曾子看了看仔细聆听的妻子,继续说,"我们不能失信于任何人,哪怕是自己的孩子,这是一个人立身处世的原则,你说,我们要不要杀猪呢?"

妻子听了曾子的话,虽然心疼、后悔,但还是允许曾子杀猪了,并帮着曾子一起给孩子做了一锅喷喷香的猪肉。

儿子一边吃肉,一边向父母投去了信任和感激的目光,在他小小的心中树立了诚信的标杆。一天晚上,曾子的小儿子刚睡下又突然起来,从枕头下拿起一把竹简向外跑。曾子奇怪地问:"你干什去?"

小儿子回头对父亲说:"这个书简是我从朋友家借来了,本来说了今天还,我刚刚给忘了,现在虽然晚了我也要信守承诺还给人家。"

有人常常以自作聪明的谎言处世,虽然得到了暂时的利益,却失去了未来,就像我们把一只漂亮的塑料小鸟扔向天空,无论它借我们的力飞多远,也终有落地的一天。假如它是一只真正的小鸟,即使毛色不鲜艳,飞得很低,它也是靠着自己的翅膀永远在蓝天飞翔。诚信就像这只真实的小鸟一样,它看似其貌不扬却能为自己主宰未来。

很多人只要一看到眼前的利益,就会迷失了自己。比如我们为了高分,就去偷看同桌的考题;为了免于责罚,就更改试卷分数;甚至怕老师告状,就找人代开家长会等。记得小时候妈妈不让多吃巧克力，结果晚上偷偷爬起来把妹妹珍藏的巧克力吃掉了，使得妹妹醒后哇哇大哭，脾气大发，一不小心撞到了门上。虽然当时没有承认，但是妈妈肯定知道是我偷吃的巧克力，直到现在妹妹头上还有块疤，而我一看到巧克力就满心自责，不是滋味，从那以后再也没有吃过巧克力。

我们常常把小事不当事，却不知道小事的背后会潜藏着大问题。虚伪、欺骗是装饰礼物的包装纸，虽然外表华丽，但里面却什么也没有。接受礼物的人，虽然一时感动于华丽的包装，但打开后却会更加失望。

海涅说："生命不可能从谎言中开出灿烂的鲜花。所以我们看到因为失信而丧失生命的人。同样有无数因为诚信赢得了友谊；因为诚信，获得事业的成功的人。诚信是人类最为宝贵的品质之一，只有诚信的人，才会在人生的路上走得长，走得久。"诚信关乎于未来，一个讲求诚信的人才能把路走得更远，更顺畅。

以诚立身，以信处世，哪怕经历委屈与失意，也会得到一个光明的前途。

第四章　讲诚信的人这样做

诚信是我们立身处世的根本，也是我们一生应该追求的东西。无论在什么情况下，我们都不能放弃做人的根本，为人一定要正直，注重诚实守信。诚实守信是无价的，为了个人利益欺骗别人，最终都将是得不偿失的。因此，做一个诚信的人，堂堂正正地生活在这个世界之下就要与人为信，以身作则，不说空话、谎话，无论在什么处境之下，都要以诚信为本，严于律己地生活。

27

要别人诚信待你，首先要诚信待人

有些人常常抱怨：为什么他一点儿时间观念都没有，约定好的时间都过了还不来呢？为什么他总是说空话，从来没有一次兑现过？为什么他什么事都会编出一个"完美"的谎言来？为什么……每个人都希望别人信守承诺，说话算话，讲求诚信，但是，你知道吗？俗话说"近朱者赤，近墨者黑"，你想要别人怎样对你，那么你首先应该知道怎样对别人。

唐太宗"以人为镜"来正己身，人与人之间就像是磁铁一样，相同取向的人会相互吸引，而不同的人会排斥，就像人们常说的那句："如果想了解这个人怎么样，可以看他的朋友什么样。"古往今来有很多诚信待人的故事,如在《高山流水》曲中结下深厚友谊的俞伯牙和钟子期的故事,更是重诺守信的典型一例。

大家都知道"高山流水遇知音"的故事,但是你知道钟子期与俞伯牙之间还有一段关于重诺守信的传说吗?

当年,年轻的钟子期生命垂危,他已入花甲之年的父母守在床旁,钟子期悲痛地掉下泪来,说:"对不起,儿子不能给父母大人尽孝了,让你们白发人送黑发人,儿子心不忍呀!但是,请父母辛苦一下,将儿埋在马鞍山的江边。"

母亲听到这儿,泪如雨下,问:"那离家二十多里,为什么要去那里呢?"

"为了承诺!"钟子期的声音很微弱但是很坚定,他深吸了一口气对母亲说,"去年中秋,我在那里遇到了伯牙兄,离别时约定,今天中秋,伯牙兄该来我们家了,我说过要去江边接他呢!"

"孩子呀,伯牙乃是晋国的士大夫,去年也就是路过,今年怎么会跑几千里的路再次来到这里呢?"父亲抚摸着儿子的手,老泪纵横地说。

钟子期所说的去年中秋,就是他们以"高山流水"会知音的故事,在那里他们结拜为兄弟,一直畅谈到天亮,相见恨晚。第二天,俞伯牙邀请钟子期过些天到晋阳去,钟子期说:"如果答应了贤兄,我就必须履行诺言。但是,家中父母并不知这件事,如果家中有事脱不开身,那我不就成为言而无信之人吗?所以为了避免失信我不能随便答应您。"

俞伯牙听到这里大大赞赏钟子期的品行,但又不舍自此分开,便约定明年再次来这里看望钟子期,并强调说:"明年的八月十五或十六,最晚不超过八月二十我将再次来看你。如果不守诺言,我便妄称君子!"

钟子期与俞伯牙击掌为誓,说:"那我来年这几天,将在江边迎接俞兄。"正是因为这个约定,钟子期请求父母将自己葬于江边。

自那一别后,俞伯牙时刻记着约定,他计算好了日子,向君主请假,但晋国君主怀疑他要别投他国,所以一直没有答应。日子一天天临近了,俞伯牙下定决心，宁可丢了官职，也不能失信于人，于是，不顾晋国君主的批准，收拾行装向江边出发。

俞伯牙连夜赶路，终于来到了马鞍山。

俞伯牙心情激动地站在船头四处张望，可是没有看见钟子期的身影。俞伯牙便在船头弹起琴来，希望在相同的琴声中再次与知音相遇。但是，俞伯牙整整抚了一天的琴，也没有见到钟子期的影子。随从怀疑地问："大人，一年前的约定谁还记得，您不远千里赶来，他恐怕早已经忘记了吧！"

"不会！"俞伯牙坚定地说，"他不是那种人，可能是因为家中有事，我要去看一看。"于是，俞伯牙又赶了十多里的路，来到钟子期家，两位老态龙钟的老人迎接了他。交谈之后，俞伯牙才知道原来钟子期已经步入九泉，而且在临终前让父母把自己葬在江边。俞伯牙听到这里，昏倒在地。等他醒来，跟着钟子期的父亲来到他抚琴时就已经见到过的新坟边上，他拿出瑶琴再次弹起那首《高山流水》，一曲过后举起瑶琴摔在地上，这把珍贵的瑶琴被摔得粉碎。

俞伯牙向坟墓喊道："子期不在对谁弹呀！"从此，俞伯牙再也没有弹过琴。

钟子期与俞伯牙以诚待友、重诺守信，他们的高尚情操值得后人传唱。曾子云："吾日三省吾身：与人谋而不忠乎？与朋友交而不信乎？传不习乎"孔子赞赏的优秀弟子曾子还每天反省自己来自检，更何况我们呢？

人生活在这个社会中，就像是一条锁链紧紧相扣，如果其中有一环松动，那么它就会从锁链中脱落下去。任何人不能脱离社会而孤立存在，你诚信待人而没有得到别人诚信待你时，请继续律己，否则你就是脱落的那一环。

三国后期，魏国内部出现了内乱，表面上是曹氏集团当权，但实际上是当时的丞相司马昭把持朝中大权，所以古语有"司马昭之心路人皆知"的句子。曹氏集团和司马氏集团为了争夺国家的统治权展开了明争暗斗，一些官员不恪尽职守,常常徇私渎职,一些有能力的人不屑于服务朝廷,又怕卷入纷争,所以有很多人避世归隐于山林,文学史上著名的"竹林七贤"便是这个时期的典型代表。他们在竹林中游闲,喝酒,抚琴,人们都觉得他们行为古怪,放浪形骸,但是他们却有着自己的人生信条。

司马昭飞扬跋扈,暗中谋划篡夺帝位,为了得到有能力人的辅助,争取更多的支持,便请"竹林七贤"出山为官,辅佐他左右。公元261年,司马昭称朝廷现在请"竹林七贤"之一的山涛出仕,他已经为山涛准备了散骑常侍一职。

说起山涛,与司马昭还有亲戚关系,司马昭的祖母是山涛的堂姑祖母,当山涛得到消息后,介于这层关系,因此只好答应出仕为官。之后,山涛推荐好友嵇康到朝中做官,但嵇康并没有同意,而且还因为山涛的自作主张而感到非常生气,嵇康给山涛写了一封信——《与山巨源绝交书》,信中对山涛出仕表示了强烈反对,而且还猛烈地批评了司马氏集团狼子野心。

山涛拿到信后并没有生气,他了解嵇康的为人和性格,因为自己也并非本心出仕为官,所以还把嵇康当成朋友。由于转信的人将嵇康信的内容透露给了司马氏集团,他们了解到信中满是对司马氏集团强烈的抨击,于是开始采取各种手段打击嵇康。

一天,司马氏集团内部一个人名叫钟会的人去拜访嵇康,钟会是位司隶校尉,他一直很仰慕嵇康的才华,他来到嵇康处时,嵇康正好在与向秀聊天,因为拜帖上为司马氏集团的人,所以并没有理会他。钟会没想到嵇康会这样对自己,吃了个闭门羹后一直怀恨在心,给司马昭进谗言陷害嵇康,并说:"嵇康就是条卧龙,如果让他起来后那么您必有后患呀!"

司马昭本就是一个小人,他听过钟会的话后开始担心起来,便想办法把嵇康置于死地。司马昭假借"言论放荡,诽毁礼教"的罪名把嵇康抓了起来,并判处了死刑。虽然洛阳城中有很多人求情,山涛也多次上书,甚至太学生三千人联名上书司马昭，请求赦免嵇康，并让嵇康做他们老师。但司马昭坚持着自己的主意，公元262年，39岁的嵇康被处决。山涛在家痛哭流涕，满心伤悲。

嵇康在临死之前，没有把自己的一双儿女托付给自己的哥哥嵇喜，也没有托付给他敬重的阮籍，而是托付给了山涛，并且对自己的儿子说："山公尚在，汝不孤矣。"

山涛也信守着诺言，对嵇康的儿子像亲儿子一样对待，把他养大成人，使这个失去父爱的孩子，在一点也不少的父爱中成长。18年后，司马氏集团取胜，司马炎做了皇帝，朝廷这才算安定下来。山涛便上书司马炎，称："父亲有罪，儿子无罪，现嵇康之子嵇绍已经长大成人，而且才学兼备，品德高尚，请朝廷予以重用。"

司马炎马上采纳了山涛的建议，任命嵇绍出任秘书郎，成为晋朝的一代忠臣。

这便是历史上有名的嵇康信友托孤、山涛守信不避嫌抚育遗孤的故事。嵇康对朋友的信任和山涛的全力守信都是建立在对彼此信任的基础上的，因为他们之间有一条维系友情的纽带，那就是诚信。

诚信是朋友之间维系的纽带，如果没有诚信，朋友之间互相了解后也就自然崩溃了。中华民族五千年的文明，一直以"信"当作为人信条，但是，却有很多人并没有真诚待人，他们在生活中常常把自己放在最前面，对于别人则马马虎虎，甚至为了得到某些利益而说谎，编故事，这样的人不付出"信"当然也不会得到"信"，他们天天生活在猜疑中，盼望着别人以诚相待，讲信用，可从不自检一下自己。

我们怎样才能得到别人以心换心，诚信相待呢？最重要的一条便是：若要人诚信待你，你必先诚信待人！

站在别人的立场上，遇到事情互换个位置，多考虑一些。不要总是不相信诚信,比如有人想把你最喜欢的东西借走时,你一定会心疼而不能马上答应吧?所以,不是你提出的所有要求朋友都可以帮你办到,当这些时候,换位思考一下,你就不会觉得朋友无情,会很容易体会朋友的心,宽容谅解他们,从而相信诚信是存在的。

其实生活对于我们来说,有很多地方充满着诚信,别忘了,当你需要一个笑脸时,就不要板起脸来,因为生活不会给一个板脸的人笑容。

28

讲诚信,要以身作则

"其身正,不令而行;其身不正,虽令不从。"(《论语·子路》)强调了以身作则的重要性。我们不停地在说"诚信",都想让别人对我们讲诚信,但是在要求别人的时候应该先反思一下自己,我是不是以身作则了呢?"宽以待人,严于律己",我们不能要求别人那就应该先约束好自己。其实人就像一朵花,如果你散发着香味,便会招来蜜蜂、蝴蝶;但如果你的味道不正,也许只能招来苍蝇和小飞蛾了!

以诚信为治国之本的唐太宗经常跟大臣们在一起谈论诚信,向他们说明要治理好国家必须讲诚信,要求他们将诚信作为立身和处事的准则。而他自己在这方面很注意以身作则。

孔子的学生子贡曾经问孔子:"要如何治理国家呢?"

孔子回答说:"如果想把国家治理好,必须要具备三条:第一,粮食充足;第二,军备充足;第三,取信于民。"

子贡点了点头,又问:"这三件事中,如果迫不得已要去掉一件,那么应当去掉哪一件呢?"

孔子说:"去掉军备充足。"

"剩下的两件事中,如果迫不得已要去掉一件,那么应当去掉哪一件呢?"

"去掉粮食充足。"

第三件事是不能去掉的,因为"民无信不立",治国不可失信于民。在孔子看来,粮食、军备、诚信对于治国都很重要,实际上认为一件不能少;而在三者之中,他最看重的是诚信。项羽之所以能攻入秦朝都城咸阳,是因为天下形势已在他的掌控之中,如果能努力实行仁义、诚信,还有谁能跟他争夺天下呢?

可是,项羽带兵攻入咸阳后,没有一反暴虐的秦王朝的做法,采取紧急措施,解百姓于倒悬;而是以暴易暴,野蛮地实行屠城,并将秦朝皇宫付之一炬,掳掠财宝、妇女,满载东归,使热切期望天下很快安定下来的百姓大失所望。失信于民,最终只能落个惨败的下场。

唐太宗统治时期,有个叫党仁弘的老臣,立有功劳,并且有才能,有政绩,但犯了贪污罪,依法当处死。

唐太宗怜悯这位即将被处以极刑的白发老臣,向大理寺官员求情,请免其一死。大理寺官员坚持依法办事,五次上奏要求处死党仁弘。唐太宗就把五品以上官员召集到太极殿,对他们说:"执行法律,不可以私而失信。今朕私党仁弘而欲赦之,是乱其法,上负于天。"

于是,唐太宗要求到长安南郊,坐在草席上,一天只吃一顿素,向老天谢罪三日。后来,由于宰相房玄龄松了口,党仁弘没有被处死,改为流放钦州。唐太宗偶尔失信一次,就有一种负罪感。

诚信是一种美德,更是一种可贵的品质。有些人认为,我们诚信就意味着吃亏,诚实守信就代表"无用",2009 年,上海市社科院进行了一项"关于社会诚信问题"调查,这次调查的对象中"80 后"占一半以上,调查结果显示,有 90.2%的市民认为诚实守信会导致不同程度上的吃亏。为什么会出现这样的现象呢?其实这是一个恶性循环,因为人们都不相信诚信,因此自己也放弃了诚信的品格,以此循环下去,人们就形成了"吃亏"的观念。假如,人人都以身作则,讲求诚信的话,那么"吃亏"的观念便会自动消失了。

因此,我们首先要做到把诚信作为自己的责任。对于现代的学生而言,诚信应该列入人生的第一课中,上海市社科院青少所所长杨雄说:"责任和诚信与品德有关,现代的青少年最主要的责任是对自己的生命负责,从而延伸到对父母的孝敬,对同学的友爱,对集体的拥抱,将来承担对社会、国家的责任。而践行这种责任的前提条件就是诚信。"我们应该从我做起,从小事做起。

其次要以身作则践行诚信。诚信不是写在纸上的,而是在生活中处处需要的,我们言行一致,不欺骗,不虚伪就是诚信,我们认真对待每次作业,上好每一堂课,正确对待每一次考试,每一个家长会,每一场成功与失败,都是诚信的践行。

以真实的自己面对这个世界,去寻找最真实的生活,你会发现以身作则的你身边拥有的了意想不到的收获!

29

讲诚信就是只说真话不说谎话

"真话"这个词看似很简单,但却意义深远。什么叫"真话"?什么样的话是"真话"?一般来说,讲真话是人类最基本的善,"说实话","说自己想的话"，"说出自己的观点"等都算是讲真话。但是，对于一些人而言，这个最基本的善早已经被丢到了脑后。在他的灵魂深处，谎言成了生活的一部分，谎言泛滥自然真话就会稀缺。

讲真话并不是说一些无意义的话，比如什么："过了白天就是黑夜""吃饱了不饿"等，而是指一些有意义的话，巴金说："所谓的讲真话只不过是把心交给读者，讲自己心里的话，讲自己相信的话，讲自己思考过的话。"其实，这句就是一般意义的讲真话，也就是讲求诚信，对别人也对自己。

北宋的翰林学士陈尧咨非常喜欢养马，他的家里饲养着很多匹马，而且喜欢增添新的马种。一次，他无意中得到一匹烈马。这匹马性情暴躁，难以驾驭，而且踢伤、咬伤很多人，但是陈尧咨特别喜欢。

一天早上，陈尧咨的父亲走进马厩，突然发现那匹烈马没有了，只剩下一空马槽，管马的人向老爷子汇报说："陈翰林把马卖给了一个商人。"

"为什么要卖呢？那商人买去做什么？"陈尧咨的父亲问。

"不知道为什么卖，那商人买去驮货了。"管马的人说完，又补充了一句，"我听说的。"

陈尧咨的父亲又问："翰林告诉那商人这是匹烈马了吗？"

"哎呀，老爷，要是跟人家说这匹马又咬人又踢人，人家还会买吗？"管马的人笑着说。

陈尧咨的父亲听了之后，突然板起了脸，对下边的一个仆人说："去给我把陈翰林叫来，竟然去骗人家，家教无方，失德呀！"

一会儿陈尧咨跑着回来了，一进门，陈尧咨就挨了父亲一巴掌，然后大声喊着说："你把那匹烈马卖给商人了吗？"

"是。"陈尧咨一脸的不解。

"听说还卖了个高价，你肩负着朝廷的重任，竟然还不讲诚信，欺诈骗人！"父亲铁青着脸训斥着。

陈尧咨迅速上前辩解说:"是他自己看中的马,我没有强迫呀,父亲,我怎么能算是欺诈呢?"

"那你跟人家说是烈马了吗?"

"马要自己相的,他自己看不出是烈马,那我又何必干涉呢?"陈尧咨振振有词地说。

此时,他的父亲更加生气了,一拍桌子站了起来:"你枉读了这么多圣贤之书,唐朝时的宰相陆元方想去卖掉洛阳城的房子,等一切手续都办好了,在等房主交钱时,陆元方真诚告诉买房的人:'这个房子不错,但采光有些问题,水也没处出。'买主听完仔细看了看,结果没有签合同便走了,后来推脱说已经相中了别处的。买主走后,陆元方的子侄们都埋怨他讲真话,使到嘴边儿的鸭子飞了。但是陆元方却说:"无德的生意不做,难道我们为了钱而去骗别人吗?这就是'不欺买主'的故事,你没读过吗?"

陈尧咨听完父亲的话,羞愧地低下头,向父亲承认错误说:"父亲请别生气了,气坏了身子。我承认是我做错了,我这就去客栈找他,他明天才会带着马离开。我会把烈马领回,换一匹好马给他,这匹烈马我养到它老死。

陈尧咨看似没说一句谎话,但是他却做了有违诚信道德的事儿。之后,陈尧咨听了父亲的教诲,真心悔改,宁可自己蒙受损失,也不会去欺骗别人。例子中最有趣的是,陈尧咨的确从步骤上没有做错什么?但是从道德上却说不通。

在某些真话的背后,也许就隐藏着一个弥天大谎。索尔仁尼琴说:"我一生中苦于不能高声讲出真话。我的一生都在追求冲破阻拦而能够向公众公开讲出真话。"哈维尔则认为:"假如社会的支柱是在谎言中生活,那么在真话中生活必然是对它最根本的威胁。正因为如此,这种罪行受到的惩罚比任何其他罪行更严厉。"因为他们长期生活在满是谎言的环境中,所以才对谎言深恶痛绝,他们渴望"讲真话"渴望"诚信"的存在。

富兰克林说:"真话说一半常是弥天大谎。"这句话的意思是说,如果我们说真话却留下一半,那么真话也便成了谎言。有些时候,我们出口说出一件事,却突然觉察到哪儿不对劲儿,于是马上停止了,那么这句话,给人留下了无限遐想,也便是假话了。换而言之,如果一个人为了一句无心出口的话收不回,而用谎言去圆的话,那么这个谎言就像一个雪球一样,越滚越大,最后无法收拾。

这是一个关于法国著名的革命家、哲学家卢梭小时候的故事。

卢梭小时候,为了能够吃饱饭,便在一个有钱的人家里做零活,一天,这家办丧事,家里零乱不堪,卢梭跟着忙活,跑来跑去地收拾东西,突然,小姐房间里有一根漂亮的绣带吸引了他,他左右看看,屋外一大帮人忙里忙外,根本没有空看他在干什么,于是,他顺手把绣带放进了口袋儿中。

因为家里很忙乱,所以几乎没有人发现绣带的丢失,卢梭觉得很好玩,常常拿在手里把玩,因为小小的他并没有什么偷盗的意识,所以并没有特意藏起来。不久,绣带事件爆发了,老管家发现了卢梭随手扔在床上的绣带,便把卢梭叫到面前,问:"这条绣带是怎么回事?"

卢梭早已经被老管家严厉的表情吓到了,他吞吞吐吐半天,终于小声说了一句:"格里送的。"

格里是这家人家的厨师,长得非常漂亮,比卢梭大几岁,人们都喜欢她,老管家早就知道绣带是小姐的,可是卢梭却说格里送的,难道是格里偷了小姐的绣带吗?

人们都不相信,因为格里从来都不敢大声说话,特别谦虚好学,乖巧诚实。老管家板着脸,让人把格里叫来与卢梭当面对质。

卢梭的心都拧在一起了,他怕极了,刚一抬头看见格里的影子,便大喊起来:"是她,她送我的绣带,就是她偷了绣带!"

格里莫名其妙地看着卢梭问:"什么?什么绣带?"

管家把绣带放在格里手里,问:"你见过这东西吗?"

"很漂亮呀!这是我第一次见这么漂亮的绣带!"格里想了一下,说,"管家怀疑我偷东西吗?我这是第一次见这条绣带!"

管家锐利的目光看向卢梭,可是卢梭却咬定了牙关说是格里送的,小姑娘被卢梭说得委屈极了,她请求地看着卢梭说:"卢梭,求求你说真话好吗?我不能因为一条绣带而毁掉前程呀!"

卢梭觉得更加的无地自容,但是碍于面子,他还是坚持着指认着眼前的姑娘。格里这时生气了,她指着卢梭的鼻子说:"卢梭,枉我平时那么照顾你,把你当成一个好人,没想到你是一个爱撒谎的坏孩子,真让我伤心呐!"说完,格里转过头去,继续为自己辩解,她已经不想再与卢梭有任何对话了。

老管家把卢梭辞退了,在送走卢梭时他说:"我并没有说绣带是偷来的,你怎么会认为是偷呢?撒谎者的良心会受到惩罚的。"

卢梭带着遗憾出了大门,从那以后,他的良心的确受到了谴责,他常常会对着镜子中的自己默念,一想到因为自己的一时碍于面子不诚实而丢掉的工作,就会自责不已;特别是想起格里那美丽善良的眼神中透出的无辜,他更是觉得对不起她。

卢梭没有勇气去向管家表白,勇于承认自己的错误,撒了一个谎就会要用无数的谎言去补上,如果当初,卢梭对管家说:"对不起,我一时觉得好玩就拿了,是我的错,请您惩罚我吧!"虽然现在同样是自责,但两者有着本质的区别。

一个人一生不可能总在说真话,因为诚信不是什么话都说,有些话该谨言慎行就要闭上嘴巴,有些话虽然错误的说出了口也不要再用谎言去圆,周恩来说:"自作聪明的人,往往会害了自己,世界上最聪明的人是老实人,只有老实人才能经得起事实和历史的考验。"

30

贵行不贵言,诚信不能光靠嘴说

老子云:"言甚易知,甚易行;而天下莫之能知,莫之能行。"任何话说出口很容易,但做起来就会很复杂,因此,便出现了这样一些人,说得比做得多,花言巧语说得天花乱坠,却从来不落实到行动上。

从前有一位国王,命令他的大臣给他做一道世界上最好吃的菜。几天之后,献给国王的是一碟用不同的动物的舌头所做的菜肴。

后来,国王又叫这位大臣给他做一道世界上最难吃的菜,大臣仍给他呈上来一碟舌头。

这位大臣解释说:"世界上唯有舌头是最坏也是最好的东西,如果利用的好,舌头会助你一臂之力,如果利用不好,它便成了伤害和刻薄的工具,给主人带来无尽的烦恼,那便成为最坏的东西啦!"

大臣真的是在说舌头吗?国王明白,这个舌头就是言语。大臣在提醒他莫听巧舌如簧,要听进忠诚之谏。

耍嘴皮子的人圆滑,不厚道,能说也能落实到行动的人才合乎于道,这些人才被人称为聪明人,只耍嘴皮子,往往就只是说大话,说谎话,结果一落实到行动上便露出了马脚。能知亦能行,让知与行统一起来的人,才值得人们敬佩。

在这个世上,必须要遵循一定的规则,当我们严格遵循身边的"规矩"时,就是做到了诚信,这样就会得到别人的尊敬和认可。孔子见太祖后稷庙堂前,有一个金人,金人的口上有三道封条,背上有一道铭文:"古之慎言人也。"这是周公劝人谨言慎行，处世小心的嘱托，多说话就会多惹事，惹事多了就会多灾，多灾后就会有更多的悔恨，恨自己说话太多。

蒋爱民在煤矿工作已经三年了，妻子也跟着他来到了矿上，除了看孩子之外，有空就在煤矿食堂帮忙，三口人生活得还算和睦。

一天，妻子正在帐蓬前带着孩子玩，突然一个不幸的消息传来，蒋爱民在下井刨煤时，一镐刨在哑炮上，"轰"的一声，哑炮响了，蒋爱民当场被炸死。蒋爱民的妻子瞬间觉得天塌了，她带着三岁的儿子从矿上领了一笔微薄的抚恤金之后，陷入了深深地痛苦之中。

原来一直靠丈夫的收入维持生活，可现在丈夫走了，自己带着三岁的儿子，又没有一技之长，以后的日子该怎么过呢？所以，她准备带着儿子回到农村去。这时，与丈夫一个矿队的队长来了，他对蒋妻说："弟妹呀，你回农村怎么过呢？你以前在食堂做的饭挺好吃的，要不你别走啦，在矿上摆个小摊卖点早点，热面条、小米粥之类的，就留矿上吧。"

蒋妻想了想，也对，自己如果回到农村又能怎么样呢？还不如留矿上，孩子可以有一个好的教育条件，将来还能有些出息。于是，她同意了队长的建议。

在队长的帮助下，她的早点摊很快开张了，2块钱一碗面，1块钱一碗粥，5毛钱一个馒头……开张的第一天，就来了好几个矿工。蒋妻很高兴，她实心实意地做着每一顿饭，渐渐地来吃饭的人越来越多了，即使在天气不好的时候，她的生意也不怎么受影响。

一年过去了，很多矿工的妻子发现了一个奇怪的现象，即使家里给丈夫做了早点，他们也会在蒋妻的小摊上吃饭，特别是每次下井前，一定要去蒋妻那里吃碗面。这是怎么回事儿呢？

直到有一天，队长在下井时意外受了伤，不得不离开矿上，临走之前，他对一名兄弟说："兄弟，我走之后你也不要忘记咱们的约定呀！"

原来,当初蒋爱民遇难时,他们几个队友曾经许下承诺,一定要让蒋妻带着儿子留在矿上,不为生济受罪。所以,他们为了死去的弟兄决定一起照顾蒋妻,于是才想出了让蒋妻办早点摊的点子,并约定每天早上一定要到蒋妻那里去吃饭。

矿工们并没有把对死去兄弟的承诺停留在嘴上,他们以每天吃一顿早点的实际行动去帮助兄弟的遗孀。他们并没有用什么华丽的语言,而是用了最朴素的行动,一份坚持去践行的承诺。

语言很华丽,让人听后会心醉,但是,承诺不能只停留在嘴上,过分地追求言语华丽的话,行动便会简陋起来。一个诚实守信的人,从来不过分重视话语的修饰,而是以最朴素的行动去践行。

31

处境越困难,越要坚守诚信

诚信作为一个人的优秀品质,是人们立足于社会的基本保证。老师讲求诚信才能被学生信服;朋友间知无不言,说到做到才会获得真正友谊;父母对女子说话算数,才能让子女爱戴;我们以诚信作为信条,时刻践行着,但是,当我们面临困难,处境艰难时还要不要坚守诚信呢?

答案是肯定的,而且越是处境困难,就越要坚守住诚信。假如一个人失去再多,只要有诚信在,那么信誉就在,身边的朋友就在,希望也就在。花言巧语,欺骗伪装,只能得逞于一时,一旦谎言和伪装被揭穿,必然被人唾弃。大凡成功之士,都曾经经历过失败,但当面临困境时,他们都没有丢掉诚信。

当年鲁庄公曾经扶持公子纠与公子小白争夺王位,所以齐桓公(公子小白）一即位就亲自率军讨伐鲁国。齐国大军长驱直入到距离鲁国都城只有五十里的地方，鲁军节节败退，看起来一副弱不可击的样子。

鲁庄公派使者出使齐国，与齐桓公讲条件说："我们愿意以齐军现在驻扎的地方封土为界，从此对齐国年年纳贡，岁岁称臣。"齐桓公听后非常得意，迅速答应了鲁庄公的求和，并要求他在三天后与自己会盟。

会盟前一天，曹刿对鲁庄公说："大王，您是愿意死而又死呢，还是愿意生而又生呢？"

鲁庄公看着曹刿很不理解他的话，便问："不知先生何意？"

曹刿说："如果您听从我的话，国土必然会扩大，您自身也一定会安乐，这便是生而又生；如果您不按我的意思来办，国家必定灭亡，您自身也必定遭到耻辱，这便是死而又死。"

鲁庄公听了曹刿的话，一时难以做出决定，最后，他下定决心选择了生而又生。于是，曹刿便给鲁庄公献了一计，鲁庄公连声赞好。

第二天，鲁庄公与曹刿一起赶到会盟的地方，他们在袖中暗藏宝剑。齐桓公显然已经等了很长时间，洋洋得意地摆出胜利者的样子。

鲁庄公一进军帐，就抽出宝剑，指着齐桓公的喉咙说："我是来为鲁国找个活路的。鲁国现有封地本来就不多，现在又被你们霸占，只剩下五十里的地方，根本没有办法生存了，今天要么我们同归于尽，要么你给我们以公道。"

这时，曹刿拔出剑来站在台阶上，也用剑指着齐桓公。鲁庄公再次大声说："在汶水封土为界就可以了。不然的话，我就和你拼个鱼死网破，你我谁都不会有好下场！"

齐桓公的谋臣管仲忧虑地说："大王您就答应了吧，大王的安危可比领土重要呀！"鲁庄公把剑又靠近了齐桓公。齐桓公无奈之下只好答应，并签下盟约，以汶水为界，分开两国封地。

齐桓公回国后，觉得十分窝火，他又气又恼地想撕毁盟约，并把这件事情告诉群臣，但管仲上前把他拦住了，管仲说："现在答应了人家却想撕毁盟约，这就是不诚信。那么，您怎样能建功立业呢？所以，现在我们只能把土地分给他们，虽然失去了四百里土地，但是我们可以被天下人评价为诚信，诚信之人必成大器！"

听完管仲的话，齐桓公很是惭愧，只好让管仲去把土地还给了鲁国，也因此齐桓公在天下诸侯中得到了个诚信的好名声。

齐桓公虽然受了一时委屈，却因此树立了诚信的形象，以四百里土地换来诚信，还是很划算的，这为齐国之后成就千秋霸业奠定了坚实的基础。

无论是个人还是国家，在任何时候都不能抛弃诚信这种品质，因为有了这种品质，才是一个堂堂正正的人，才是一个有灵魂、有魄力的国家。无论时代怎样变迁，诚信是一项永远不变的处事原则，无论面临什么困境，诚信都是一条永远不能丢弃的人生品德。诚信是遮挡枪林弹雨的坚实盾牌，诚信是阻风挡雨的大雨伞，诚信更是冲出磨难的一艘战舰，载着你走出困境，奔向成功。

1933年，正当经济危机在美国蔓延的时候，哈理逊纺织公司因一场大火化为灰烬。3000名员工悲观地回到家里，等待董事长宣布公司破产和员工失业的消息。在漫长而无望的等待中，他们终于接到了董事会的一封信："本公司决定继续支付员工一个月的薪水。"

这句话出现在全美经济一片萧条的当时，真是令人又激动又意外呀！大家满心欢喜地给董事长打电话表达感谢之意。

一个月后，公司又在他们为下个月的生活发愁时发了第二封信："董事长决定将再支付全体员工一个月的薪水。"3000名员工接到信后，不再是意外和惊喜，而是热泪盈眶。

公司处于破产边缘，董事长在"自身难保"的情况下，还记得给他们发工资,真是令人感动,第二天,他们为了表达自己的感激之情,纷纷涌向公司,大家自发地清理工厂、擦洗机器,一些人主动去联系进原料的渠道,准备重新开工。三个月后,哈理逊公司又重新运营了。

董事长以诚信给员工们发放了第一个月工资,又以责任为给员工们发放了第二个月工资,他能在公司面临倒闭,极缺钱的情况下做出这样的事情,怎么能不让人感动呢?因此,员工们使出浑身的解数,日夜不懈地卖力工作以回报公司的付出。今天,哈理逊公司已成为美国最大的纺织集团,全球六十多个国家都有他的分公司。

当公司面临天灾造成的困境时,董事长没有弃员工于不顾,而是依旧向员工发薪水,让担心失业的员工们感受到无限的诚意与信任。他的这种对员工的诚信,使员工感动,以公司赢利为己任,才会使公司走出困境,取得之后辉煌的成就。

每个人都不可能一帆风顺,但是诚信永远是一个人一生的财富,哪怕陷入困境,都不能把诚信丢掉,因为一旦失去,它永远也不可能被找回。

32

一诺千金,不要忘记你的诺言

忙碌生活中,偶尔停下我们的脚步,翻开尘封的记忆,会发现自己是如此微小,内心是如此脆弱,闭上眼睛想一起,回忆一下那些过去的日子,你感觉到了什么?

曾经,我们许下了太多的诺言,对家人、对自己、对朋友。可是,这些诺言有的已经兑现,有的却随着时间的流逝而随风飘走了。现在想想,似乎有些话我们太容易说出口了,我们对老师承诺一定要认真完成作业,我们对父母承诺要认真生活,我们对朋友信口开河,但自己却觉得很多事无所谓,说完也就忘记了,可是你想过吗?那些等着你兑现诺言的人是什么样的心情?

自古以来,就有"君子一言,驷马难追"的说法:

春秋战国时期,战争此起彼伏,人心涣散,百姓民不聊生,正当这个时候,秦国的商鞅做了一件顺应民心的事情——商鞅变法。

当时的君主秦孝公对这件事十分支持,在他的大力鼓励下商鞅开始主持变法。商鞅为了树立威信,在都城南门外立了一根三尺长的木头,当众许下承诺:"如果谁能把这根木头搬到北门,赏十金。"

百姓听到这话后窃窃私语,议论纷纷:"搬个木头就给十金吗?怎么可能?""这人是谁,他说话算数吗?我们搬走了木头到时候他跑了,不给钱怎么办?"人们谈论着,可就是没人相信商鞅,只是看热闹似地看着。

商鞅高声把赏金提高到 50 金。钱一多,人们的怀疑心虽然没有变,但一些穷苦的人为了一家老小打算去搏一把,这就是俗话说的:"重赏之下,必有勇夫!"终于有个小伙子举了手,他来到南门,扛起木头就走,人们在后面呼啦啦地跟着。

小伙子来到北门,木头并不是太重,小伙子看起来也没有花多少力气。商鞅拿出 50 金,迅速递到了小伙子的手里。商鞅的威信以此树立了,人们都知道商鞅是个说话算话,一诺千金的人,因此之后他的变法也非常成功。

不过,你一定想不到,同样在商鞅"立木为信"的地方,400 年以前,曾经也发生过一件关于诚信的事,但那简直就是一场闹剧!

周幽王有个宠妃叫褒姒,长得倾国倾城,可就是很少笑。为博取美人一笑,周幽王下令在都城附近 20 多座烽火台上点起烽火,烽火台只有在外敌入侵需要诸侯来救援的时候才能点燃,它是外敌入侵的信号。

诸侯们看见烽火,以为外敌入侵,纷纷率兵赶来救驾,昏庸的周幽王看到诸侯们慌张的神情后,满脸得意,褒姒也笑开了花。但是,周幽王却不知,这一个玩笑却是酿成最后杀身之祸的导火索。

五年后,当西夷太戎大举进攻周时,幽王吓得赶紧点燃烽火。因为上次诸侯们吃了亏,不想再去上当了,所以大家按兵不动,最后褒姒被俘虏,幽王被逼自刎。

商鞅"立木取信",一诺千金;而堂堂帝王却大玩"狼来了"的游戏。最终结果,我们可以看到商鞅变法成功,国强民盛;而周幽王自取其辱,身死国亡。魏蜀吴三国鼎立时代,吴国大夫鲁肃在诸葛孔明的如簧之舌煽动下,一时糊涂,轻率地许诺把荆州借给了刘备。但是他不知道,他的这一句话给东吴找了麻烦,以荆州为中心,吴蜀展开了角逐,最后吴国是赔了夫人又折兵,气死了周瑜,为难了鲁肃。

老子说:"夫轻诺必寡信,多易必多难。"不要把承诺随意地说出口,做出许诺之前,你首先得掂量它对人有无意义,有什么价值。其次,就是你有没有时间、精力和才能去实现你的诺言,如果没有足够把握时,你决不可许诺。另外,你还得多方估计,实现你的许诺是否还需要其他条件的辅助,你具备那些条件吗,凡没有把握实现时,你最好不要做出许诺。轻诺别人,不仅会给自己带来不守信的声誉。更会招致许多麻烦。而且有时这会严重地伤害别人。

秦国相国甘茂不招秦王喜欢,秦王满心偏爱着公孙衍,他曾经告诉公孙衍:"我现在已经准备立你为相国!"甘茂的手下官吏听到了秦王的话,心里十分恼火,马上把消息告诉了甘茂,甘茂觉得公孙衍做相国十分不合适,于是进宫拜见秦王。

"大王得了贤相,斗胆给大王贺喜。"甘茂试探似地说。

"什么?"秦王觉得莫名其妙,说,"您不就是我的相国吗?哪又来一个?"

甘茂说:"我已经听说大王心思,打算立公孙衍为相国,臣斗胆请主上

三思！"

秦王听完，忙问："是谁给你说的？"

"公孙衍！"甘茂理直气壮地说。

秦王听完觉得很不好意思，马上把公孙衍赶出了宫廷。秦王明明知道公孙衍不适合做相国，再者说来秦王不可能贬去甘茂，那么他为什么要轻易许诺呢？俗话说："搬起石头砸了自己的脚"就是这个原因吧。秦王失信于公孙衍，伤心于甘茂，他可能自己都没料到，自己所谓的一句戏言竟然同时伤害了两个人。因此，要做到谨慎许诺！

请不要无视你说过的话，不要让你的诺言虚无缥缈。平凡的我们，虽无"一诺千金"的气魄，但也应有"君子一言，驷马难追"的豪迈。

一个承诺，一份期待。对别人，忘记了承诺，那是可叹的；对自己，忘记了期待，那是可悲的。

有了承诺，请不要让它虚无缥缈，带上它，你会走得更远。

33

严格遵守规则规定

民间有一句话说："无规矩不成方圆"。我们日常生活中，有太多的规则、规定、准则等，数不胜数，当最初入学时，我们的第一堂课也在说纪律，为什么会有那么多准则呢？难道我们一定要生活在那样的"规矩"之中，被框起来吗？

当然，生活中，学习中的每条规则都应该去遵守，俗话说："小树不修不直"，如果一味放任小树任意成长，那么斜枝就会大量生长，主干的营养就会被斜枝分权吸收掉,那么它的主干就没有办法正常生长。生活里遵守日常规范准则,这就是诚信的表现。在学校,严格遵守学校的规定,遵守班级的纪律,做到时时刻刻严守自律,这样,我们才能得到更多人的认可,老师的喜爱和同学的欢迎,自身的价值也才能充分体现。

我们现在去任何地方买东西,商品几乎都已经明码标价,但是你知道在药品界最先实行明码标价的人是谁吗?他的名字叫韩康,是东汉京兆霸陵人,当时有名的医生。

韩康的医术虽然高明,但是他生性淡泊,不争名逐利,他行医最讲诚信,无论是治病还是卖药从不欺骗病人。韩康从小就上山采药,在行医之时,顺便在长安大街小巷摆个小摊,经营各种药品。

韩康的药品买卖有个特点,他把每种药材上都标明了价格,而且还在自己的药摊子旁边挂上了块布,上面写着"不二价"三个大字。

一天,一个老太太找到韩康,她捂着脸说:"先生,快给我治治吧,我牙疼!"

韩康认真看了一下,拿起一包药递给老太太。虽然药包上有:"牙疼药一个钱两包"的文字,但平常就爱精打细算、占小便宜的老太太还是跟韩康讨价还价开了:"便宜点吧,再饶一包。"

"不可以!"韩康严肃地说,"我做生意从不骗人,我把价格标上是讲信用,您也不要和我砍价了,如果您觉得贵可以不买,但您砍价就是怀疑我的诚信度。"

老太太听完,虽然有些生气,没还下价来觉得吃亏似的,但牙疼得她没有办法,只能拿了一个钱,拿了两包药走了。

时间长了,人们都知道了韩康"不二价"的规矩,每天来买药的人很多,但再没有一个人与韩康讲价了,之后,人们听说卖药人就是名医韩康时,赞叹道:"果然名不虚传呀!"

韩康的规矩是以真诚可信为基础而确立的,他成为名医不仅是因为医术高明,更多的是他通过自己证明了"诚信"二字,为自己创造了良好的声誉。

　　那些制定的规章制度之所以让人严格遵守,是因为它有重要意义。举一个简单的例子,每个班级中的班规都各有不同,这个班级的特点是什么,将要达到什么目标,学生有什么特点等都是老师制定班规的考虑内容。当班规制定出来后,当然也是为这些问题而服务的,学生便可以在这样的良好环境下得到更广阔的发展。

　　看似被班规约束,却是班规为我们服务了,假如说觉得班规的约束力太强,只图一时之快不守规定的话,那最后受害的当然也是自己。

　　美国第一商业银行曾经贷款给破产的跨国公司,结果造成了严重损失,不仅在经济上蒙受了巨额的亏损,还使得一些储户纷纷撤资。

　　泰勒斯维尔分行的门前,挤满了众多储户,人们都争抢着要把自己的钱取出来。行长阿历克斯听说这件事后,迅速赶到现场,他对储户们说:"你们放心,我们会延长营业时间来保证您顺利取款,如果分行钱库中没有钱的话,总行一定会迅速把钱调来,保证你们能取出钱来。"

　　行长的一番话使储户们十分感动,他们又纷纷表示:"我们不取了。"

　　有些已经把款提了出来的人,也都回头把钱再次存到了泰勒斯维尔分行中。因为行长阿历克斯的主动承担才避免了一次危机,及时挽救了美国第一商业银行的声誉与地位。

　　第一商业银行面对危机遵守商业社会的运行规则,稳定了储户的情绪,奠定了诚信的形象从而度过了危机,成为了名震世界的商界巨头。但是有些商家却因为欺瞒顾客,不遵守规则制度最终走向了倒闭。

　　这是一家汽车4S店,在当地的汽车经营与维修行业已经小有名气。

　　一天,一个给某政府部门开车的司机走进店对经理说:"先生,请在我的账单上多写点零件,我回单位报销后,给你一份回扣。"

经理摇了摇头,说:"我们有规定,不能答应您的要求。"

司机还是纠缠着,并半带威胁的口气说:"如果我从此不来你的店里,那么你这店再大也离倒闭不远了。"

经理还是拒绝了司机的要求,司机气极了大声说道:"没见过你这么死心眼的人!等着吧你,这店开不长了!"

经理向他笑笑说:"欢迎下次光临!"然后就去招呼其他生意了。在场的很多顾客都听到了经理与司机的对话,人们纷纷向经理伸出了大拇指。这时,一位绅士模样的人走过来,笑着说:"如果您不介意的话,我想请您再开一家连锁店,经理依旧是您。"

原来这位绅士就是这家品牌汽车公司的老板,他觉得经理不为利益诱惑所动的心,一定能将他的品牌保证好,所以他向经理发出了邀请。

经理以自己的"店规"为依据,坦诚地做人,坦诚地做事,以诚信的态度经营着小店,也正是因为他的诚信,才得以取得更大的发展。

每个组织都有自己的规章制度,任何人如果触犯了制度都会受到惩罚。我们虽然在"规矩"的约束中成长,却长得有模有样。"不以恶小而为之",没有尺子划不出直线,严格遵守各种规则制度,对别人诚信,便是对自己的负责。

第三辑

责任

　　一个人生活在这个世界上，从出生的那刻起就有了一份份责任，人担负着这些责任成长着，学做人，学做事。"一个人能承担的责任有多大，就能取得多大的成功"，责任不应该是一种包袱，而是一个走向成功的阶梯，是每个人都会体会到的一种成就感。履行责任、承担责任不仅是一个人的义务，更是一个人的美德。

第五章　有责任的人这样想

责任不仅是一种承担,更是一种机遇,它能体现一个人的能力,也能展示一个人的人品。一个有责任心的人,会主动寻找每一次承担责任的机会,拥有承担责任的勇气,因为他们相信,责任是机遇,责任可以助人成长,责任可以铸就幸福。拥有了责任心,便会拥有屹立于世界的勇气。

34

责任能最大限度地展现能力

爸爸妈妈为了能让家里过上好日子,四处辛苦奔波,即使再苦再难也咬紧牙关,这是他们对家庭的责任;老师认真备课,批改作业到深夜,不分寒暑做家访,这是他们对学生的责任;环卫工人天不亮就开始工作,用扫帚扫出一个美丽的城市,这是他们对社会的责任……生活在这个世界中的每个人都有自己的责任,勇于承担责任是一个人必备的品质。

在我们身边的每个人,身上都有一份或者多份责任,人们为了这些责任努力奋斗,内在潜力也便爆发出来,从而把握住种种机会,实现自己的梦想。

这家超市已经有三个连锁店,一分店规模小于之后建立的两个,店长姓刘,在他的一手经营下,一分店建立了良好的管理系统,业绩突出,营业额始终高于其他两个分店，甚至有时比总店还要高。董事长了解信息后，决定调刘店长到一直没起色的三分店去担任店长。

三分店是最近新建的连锁店，规模最大、设备最先进。但是，经营管理很混乱，建立一年多来，换了几个店长，都没有办法把营业额提高，一直处于滞缓阶段，董事长有过关闭店面的想法。

刘店长得知调动消息时有些抵触心理，他很矛盾，如果不去就是不服从调动，董事长可能不高兴；如果去，一旦像其他店长一样搞砸了，想回到一分店做回店长职务都不行了。最重要的是，一分店在自己两年多的努力下，已经建立了一套完善的工作运作程序，管理起来很轻松，现在就拱手送给他人了，自己心里当然不舒服。

思考再三，刘店长还是答应调往三分店，因为妻子的一番话点醒了他。妻子说："你本就是超市的一名员工，无论多高的管理层，你的责任就是对超市负责，超市建立的分店越多，越壮大，你得到的工资也就越高。而且，三分店虽然担子很重，但这里面潜藏着巨大的机会，如果搞好了，那么就可以进一步向董事长证明你的能力，就可以从所有分店长中脱颖而出。"

刘店长一到三分店，就进行了一番大改革，不到两个月的时间，原本最混乱、营业额最低的三分店，一跃成为四个店中最优秀的。刘店长不仅帮董事会挽救了三分店，还把三分店的营业额提高了好几个格，超越了总店，甚至有些人认为三分店就是超市的总店。

事后，董事长决定把三分店的经营管理权下放给刘店长，并把他的年薪翻了一倍。

"是金子早晚会发光的"，刘店长不畏责任的担当，为自己赢得了成功的机会。因为他的意识中有"责任"二字，这两个字一直鞭策着他，令他寻找一切成功的机会去取得成功。责任就是机会，一个勇于承担责任的人，就会获得更多成功的机会，更大限度地展现能力。

能力永远承载着责任，而责任则胜于能力。勇于承担责任，才能把握住机会，最大限度地展现自己的能力。有些人常常感叹自己"怀才不遇"，可是对自己应该做的事又百般推脱，因此形成一个恶性循环，最后一事无成。

一直以来，责任是与机遇并存的。当老师任命你为课代表，你的责任就是一个建立在老师和同学之间的桥梁，这是一个很好展现能力的机会，只要你认真负责，出色完成各项任务，那么你的能力就会展现在老师和同学面前，被大家认可。一个人承担的责任越多，那么证明他能力的机会也就越多，它们之间是成正比关系的。

石超和一名年轻人同时进入一家工厂工作，每周薪水500元。上班第一天，老板对他们说："我们工厂需要的是有用的人，所以你们必须要认真地对待这份工作，尽快熟练工作流程。"

老板说完就离开了。其中一名年轻人马上抱怨说："一周就500元，还提那么多要求，你们觉得这么少的工资值得咱们卖力气吗？"一些人跟着应和着，石超没有吱声。虽然工作内容很简单，有几个人因为工资少而退出了，但是，石超仍然用心去做着。

石超是个很认真的人，他在工厂里工作了几个星期后，发现了一个现象：每当有进口零件进厂时，老板都要认真地检查账单，但是，那些账单上用的都是日韩文字。于是，石超开始自学日韩文字，并仔细研究那些账单。

有一天，老板在检查账单时显得十分疲倦，看到这个情形时，石超便提出帮助老板检查账单。老板很惊讶，石超竟然能把账单给他报了出来，而且检查处理得干净利落。自那以后，老板就把检查新零件账单的任务交给了石超。

半年的试用期过去了，老板把石超叫到办公室，说："石超，我们打算让你来主管外贸。虽然现在厂子中有很多跟你水平相当的人，但是只有你得到了这个机会，你通过认真细心地观察，刻苦地努力展示了自己的能力，这个职位非常重要,我们就是需要像你这样的人。"

试用期过了,石超的薪水翻了十倍,而且被总公司提升到管理层。老板一直对石超有着高度的评价,石超也曾经对新进厂的员工说:"即使你不满于你的工作现状,也要尽职尽责,因为在你认真扛起责任的时候,你也最大限度地展现了自己的能力。"

责任,不仅是一种承担,更是一种机遇,因为它能最大限度地展现你的能力。"一滴水中以折射出太阳的光辉",一颗责任心,不仅仅体现在大事上面,小事情同样可以看透一个人。"扫一屋清,方可扫天下",如果连一件小事都做不好的人,怎么可能去做大事呢?

责任心是成为一个优秀人的基本要素,我们认真、仔细、负责地做好每件事,人们就会从这些事件中看到我们的责任心。一个有责任心的人,会为了把工作圆满完成而尽自己最大的努力,那么潜能也便被激发出来,会学到更多的新知识,总结工作经验,最后提高自己的能力。能力的提升也不是一朝一夕之功,这是一个不断积累、不断进步的过程,只有不断激发潜能,不断地超越自我,才能使个人能力得到更高更快的提升,实现卓越的人生价值。

责任就像是一种甜蜜的负担,如果没了责任,生活也便没了趣味;如果没了责任,人生也便会停滞不前。找对自己的位置,负起相应的责任吧,这种"负担"会让你充满活力,展示自我,大踏步前行!

35

责任往往激励人趋向完美

当我们呱呱坠地时，都会以一声啼哭告诉这个世界"我来了"，我们像一张白纸一样，在不同的家庭中成长，在不同的学校中读书，最后成长为脾气、性格不同的人。其实在这些经历中，最能改变一个人的就是他的责任心，因为一个有责任心的人在完成各种不同责任时会积累大量经验也会历经不少磨练，这个过程中他有很大改变，因此责任就像是一个动力系统，促使、激励着人向更完美发展。

一家熙熙攘攘的超市中，突然传来了一阵痛苦的呻吟声，一位年轻的孕妇抱着肚子在地上打着滚。她只是想出来买早点，但是由于刚刚人群太挤，突然出现了临产的征兆。她痛苦地扭作一团，豆大的汗珠挂在额头上。大家循声围过来，焦急地为孕妇担心着。

超市女店长赶到了，年轻的孕妇很快就被抬进了员工休息室，这位孕妇强忍着痛苦告诉店长，她曾经因为难产而失去过一个孩子，现在遇到这种情况，她又担心又害怕。情况紧急，女店长见孕妇的腿上已经渗出了血，医院到超市需要20分钟的车程，而且现在正是上班高峰期，现在把孕妇送去已经不可能，于是她打了120，然后赶快通过广播寻求帮助。

这时，一位看似年龄很小的姑娘推开了员工休息室的门，她现在参加工作还没到一个月，虽然在学校学习的教材上学了不少接生知识，而且也曾经给医生做过助手，但是还从来没有独立接生过。她虽然信心不足，但还是来到了休息室，希望能帮上孕妇一把。

姑娘看到孕妇的情况已经十分危急了，而且这个孕妇又有难产经历，不马上接生的话，情况会更加严重。她坚定地对店长说："我虽然只是一个实习生，但是，在这种情况下我要承担起一个医生的职责，请相信我，我一定能做好。"她又低头对着孕妇说，"你相信我吗？"

孕妇艰难地点点头。姑娘的脸上瞬间掠过神圣无比的表情，她深深地吸了一口气，看到桌上已经准备好的白酒、毛巾、热水、剪刀等。她想，现在要以一名医生的身份来接生她学医以来的第一个宝宝，一定要成功。

员工休息室的门口聚着很多人，一分钟，两分钟……终于，在半个小时的焦急等待中，休息室里传出了响亮的婴儿啼哭声，姑娘一脸笑容地告诉门外的人们："母子平安！"

顿时，一片响亮的掌声响起。

不一会儿，120的医生来了，姑娘跟着产妇上了救护车，同事们很惊讶地问姑娘："你还从来没有独立接生过，而且这个产妇一看就是难产，你怎么这么大胆呀！要是万一出现问题，你这辈子都做不了医生啦！"

姑娘微笑着说："我虽然在实习，但也是一名医生呀！医生的职责给了我勇气，而且看到她痛苦的样子，我突然觉得救治她就是我的责任。"

姑娘的勇气的确让人佩服，是强烈的责任感给予了她如此大的勇气，如果当时她放弃了医生的职责，可能不会有风险，但是却会成为一辈子的遗憾。有了这次经历，她有了一个新的开始，她的人生也向完美走近了一步。

人生路上的每一次前进，学习生活中的每一次进步，都少不了动力，而这个动力就是责任心。责任心把人全身的每一个细胞都点燃，让人主动、积极地面对生活中所遇到的一切困难，不断提升自己，成就自己。

每个人都是有潜能的，就像有的人平时写字、做事都很慢，但如果给他限定时间来训练的话，他的速度就会变快。我们也常常看到这样的情况，男孩子在小学阶段普遍成绩不如女孩子，可是随着年级的升高，一些男孩子就会凸显出来，这是因为随着年龄的增长责任心增强的缘故。

不过，潜能被激发出来不是一朝一夕就可以办到的，如果想激发潜能，让自己更完美的话，那就应该把责任心当做动力，勇于承担各种小事，把每件小事都圆满完成，便会从中得到磨练、提升。

杰克·沃特曼是美国著名的棒球运动员，他从小爱好棒球，服完兵役后加入了职业棒球队，取得了不少成绩。但是，球队经理对他并不满意，因为他总是一副无精打采的样子，动作也显得疲惫无力，最后经理给他开了辞退的通知单。

经理对杰克说："你已经在棒球场上混了这么长时间了，是一位职业球员。但是，你怎么一天到晚总是慢吞吞的呢？今天我让你离开这里，不得不提醒你一句，不管你去哪儿，做什么，如果你还是这样没有责任心，那么你永远都不会有出路。"

这句话深深地印在了杰克的心里，原来他一直慢吞吞的样子，给人的印象就是没责任心的形象呀，这件事给了他很深的打击。杰克很感谢经理说的一番话，可以说这番话把杰克点醒了，从而改变了他以后的职业生涯。

被经理开除的杰克加入了得克萨斯队，原来月薪175美元的杰克现在月薪降到了25美元。薪水降低了，但杰克却觉醒了，他告诫自己，一定要努力，做起事来不能再缺少责任心和激情。

在抵队的第二天，他下决心一定要做一名充满斗志的得克萨斯队球员。从此后，杰克每次上场，就会满怀激情，他强力地击出高球时把对方的手都震麻了。他会在气温高达华氏100度（摄氏37.8度）的球场上跑来跑去，虽然有时中暑，但简单地处理后他又满怀激情地拼搏在球场上。

那场球杰克得了很多分，第二天，当地报纸的便大标题登出了："霹雳球手"大字，上面说："得克萨斯队新加入的球员，简直就是一个霹雳球手，全队的激情和活力被他点燃了，在他的影响下他们不但赢了一场球，而且打下了一场最精彩的战役。"杰克看到报纸后,他欣慰极了,更加坚定了自己的信心。

　　杰克出色的表现和如火的责任心,让他的月薪一下子提高到了185美元,此后两年中,他一直在球队中担任着三垒手的任务,薪水可以逐渐增涨到了750美元,成为美国著名的职业棒球队员。之后,有人采访了杰克,杰克在采访中告诉所有人:"我的热情来自于一种责任感,这种责任感造就了我辉煌的人生。"

　　不要认为人的能力是天赐的,后天的学习和培养才能提高改变能力。如果一个人善于激发自己的潜能,那么人也会明显的进步,有句俗话叫:"不拿事儿当事。"说的就是一类没有责任心,对任何事情都麻痹大意,不尽心尽力的人,那这类人是不会有什么改变的。他们的人生就像一条线段一样,从顶点到终点都是一模一样,只是增长了年龄而已。

　　面对各种责任,我们不应该把它们当成压力,而是当成一种能够激发自身潜能的动力,不断地把自己的潜能发掘出来,超越昨天的自己。如果把人生比作一块橡皮泥的话,那责任就是我们要塑成的形象,在塑形的过程中,完成心目中美好的形象就是最大的动力。因此,责任是一种动力,它会让人生在我们的每一次努力中变得更加完美。

36

有责任的人一定讲原则

任何一种责任的构建，都必须遵循一定的规章制度，我们可以把它们叫做原则。一个真正有责任心的人，肩负每项责任时，一定会把这些原则记在心间，不能以打破原则为代价来换取使命的完成。因此，责任就是一种原则，一个认真负责的人一定是一位讲原则的人。

比如，老师让你负责教室值日工作分配，你已经把每个同学分到了各个值日小组中，可是偏偏漏掉了你最好的朋友，为了私情而打破了原则，虽然老师交给的任务完成了，可是在同学眼中你成了一位讲私情的人，因为漏掉一个同学，在老师眼中你是一个没有责任心的人。同样的事情，同样的任务，能力相同的人，他们却做出不同的结果，这就是责任心来决定的。重视自己责任的人，他们会坚守各种规章制度，不徇私舞弊，不偷奸耍滑，认认真真地履行自己的责任，出色地完成任务。

2002年的一个夜晚，某市第二中学发生了一件不应该发生的惨剧。学生们正常补完课，晚上7点左右结束后，1500多名学生从教学楼东西两个楼道口下楼，在没有任何照明的情况下，令人意想不到的一幕发生了，西楼道与地面相连的一段楼梯护栏突然坍塌，当时楼道内仍有学生在下楼，再加上没有照明，使学生不断从断口处摔下楼梯，最终酿成21人死亡、47人受伤的惨剧。

事故发生后，警方进行了详细调查，最终调查结果显示，造成这次事故的原因有很多，而每个原因都是常常被人忽视的。

一、学校基础管理不到位。事故发生时，楼道不是没有照明设施，二楼楼道有 10 盏灯，一楼拐角处有 2 盏，但是，这 12 盏灯中除了 1 盏没有灯泡，其余 11 盏都是不明原因的不亮。同学们说，在上学期时，这些照明灯就已经不能正常使用了。当天下午，有些老师还向校长反映关于补课结束后照明灯不能使用的情况，但是校长却说："管灯泡的人没在。"校长也许想不到，就是因为他不经意地一个"不在"才酿成了如此大的事故。

从坍塌的护栏到地面只有 1.6 米左右的高度，这个高度怎么可能会让 21 个学生当场死亡呢？原来，当时刚下课的同学们都着急下楼，当一楼楼梯的栏杆被挤坏时，一些学生由于后面学生的拥挤被推下楼去，后面的学生还不知道前面发生的事故，所以继续前挤，导致如此严重的悲剧发生。之后法医鉴定证明了这个事实，21 名学生中因摔伤致死的并不多，大部分学生是窒息死亡。

二、学校建筑护栏钢筋强度不够。技术监督部门对于学生一挤就断的现象怀疑教学楼楼梯护栏实际使用的钢筋强度不够。经老师证实，这座教学楼在没有经过验收的情况下就投入使用了，就在事故当天，当天的值班校长竟然正在与教委、本校和其他学校的 18 位老师在当地一家饭店喝酒。当一些学生打电话找校长、老师的时候，足足打了 15 次电话，直到最后拨打 110 后才打通，119 的消防队员也比校长、老师先赶到事故发生现场。

从楼体建筑到技术监督，从设施配制到老师管理，没有一处存在着责任心，如果他们哪怕有一处以负责的态度拥有责任心的话，这个悲剧就不可能发生，即使发生也不可能如此之严重。

涉及此案的学校校长、副校长、教务科长、保卫科长等责任人已被问责，不过，问责又有什么用呢？事故造成的严重后果已经无法挽回了。

这个学校从上到下责任感的严重缺失致使 21 名学生付出了生命的代价。一个没有责任感的集体是一个悲剧的集体，一个没有责任感的社会是一个溃散的社会,他们把身为一个社会人的原则丢到了一边,与其说是事故使21名学生遇难,不如说是那些没有责任感的人间接杀死了21名花季少年。

任何一个聪明人,都不会逃避责任,无论他做什么事,都会投入全部的精力与热情。有些人,忽略了自己的责任,或者在责任面前逃避,放弃承担,他们只为了一时之快,却没想到没有责任感,他们所做的一切都将大打折扣。

父母有养育子女的责任,而在养育的过程中,让他健康成长只是一方面,监督、教育他们成为一个有着优秀品质的人才是父母最大的责任。如果父母放弃这种责任,只一味任由子女成长,那么后果不堪设想。这就说明,责任是要讲求原则的,而这个原则又是责任心的体现。

这个故事发生在一个偏远的小山村,这里是一所只有几张桌椅板凳组成的小学,孩子们都来自于大山,每天上下学要走很远的山路,因为条件艰苦,许多老师来来走走,一年中竟然换了九个。

这些教师,带着梦想来到这里,却被这里的艰苦环境吓倒,他们总是待不上几天就背着包离开了。当村民和孩子们依依不舍地送走第十位教师后,村长无奈地说:"不可能有老师愿意留在这穷山沟里呀!"

没几天,乡里又派来了一个女教师,说是在等分配先在这里代一下课。这个女教师来到山里,像其他教师一样,对这里的山山水水都充满了好奇,她喜欢这里的孩子,这里的村民,不知道是什么原因,她觉得自己仿佛应该属于这座大山。

三个月后,女教师的分配通知到了,村民和孩子们早已经习惯了送别,他们依旧热情地给女教师准备了山货,请她带到城里尝尝鲜。

可是,当女教师含泪走下山坡的那一瞬间,孩子们高声朗诵地古诗让她的眼睛湿润了:"离离原上草,一岁一枯荣。野火烧不尽,春风吹又生。"这正是她刚刚到这里时教给他们的第一首诗。稚嫩的声音回响在山谷之间,她回头望去，二十几个孩子齐刷刷地跪在高高的山坡上，这一刻，她泪如泉涌。这一跪令天地为之动容，这一跪倾注了多少情愫，这一跪饱含了多少渴望。

她突然下了一个决定，提着大行李箱走回了学校，孩子们见到老师往回走，全都哭着扑向老师，村民们也激动得热泪盈眶。她是这里的第十一位教师，她在这里一留就是二十年，她把这里的孩子送出了大山。

后来，一位男老师接任了她的工作，这位男老师说："她已经永远地回到大山了。"我们看到装着女教师骨灰的红色骨灰盒，她因病去世了，可是连一张可以放在骨灰盒上的照片都没有。

男教师说："我们这里只有第十一位老师，无论将来谁来接班，都是第十一位，这个数字是在这里工作的教师的光荣。"

而且，这所学校还有一个不成文的规定，那就是新生开学的第一天，就会朗诵那首《赋得古原草送别》："离离原上草，一岁一枯荣。野火烧不尽，春风吹又生。"孩子们稚嫩的声音响彻云霄。

女教师之所以被感动，并不是单单因为那一首诗，而是她感觉到了肩上的责任，一个为师者的责任，女教师在山区小学中坚守二十年，直到生命终结，"责任"二字被她的瘦弱身躯扛起。

我们常常以"当一天和尚撞一天钟"来形容没有责任心的人，为什么呢？作为一个司钟的小和尚，他每天都撞钟，任务已经完成了呀，为什么成了没有责任心的人呢？原来他撞出的钟声暴露了他的想法，他不知道钟声一定要洪亮、圆润、浑厚、深沉和悠远，以为撞出响声来就可以了呢，因此，工作虽然做了，但没有按原则来完成，便成为了没有责任心的人。

有时候，责任被忽视了，我们一时并不能发现，原则被打破了，我们短时也看不出什么危害，但是，这些一旦积累到一定厚度，必将会轰然倒塌，之前奠定的基础再好，最后也只是一堆废墟。因此，责任是一种原则，不能以放弃原则为前提而完成责任，因为那些责任即使完成也是一次失败。

37

责任让人变勇敢和坚强

爱默生：“责任具有至高无上的价值，它是一种伟大的品格，在所有价值中它处于最高的位置。”每个有上进心的人都会勇于承担责任，当暴风雨来临时，不像海鸥、企鹅一样躲避起来，或者装作一副承担的样子却不向前冲，承担责任的同时，就像为自己签下了军令状，“我一定要努力完成任务，出色完成任务！”的想法便会在你头脑中形成，那么你也会变得积极起来。

责任是勇气，一项任务，你有勇气承担，就要有勇气完成，而在这个完成的过程中，你也会成长，会变得勇敢、坚强，更加优秀。

你喜欢吃薯片吗？你知道谁发明了这个家喻户晓的零食吗？薯片的发明者竟然是一个厨师，而且还是他的一个无意之举。

1853年乔治·柯兰姆在美国纽约一家度假胜地的餐厅中做厨师。来这家餐馆就餐的人大部分都是富豪或者官员，都很有身份。当时，在17世纪风靡法国的一道正宗的法式炸马铃薯片很受顾客欢迎。当年，美国驻法大使托马斯·杰斐逊非常喜欢吃这种薯片，于是就把制作方法带到美国，并在蒙蒂塞洛把炸薯片当作一道正式晚宴菜肴招待客人。乔治所工作的餐厅当然会把这道菜品推出来，乔治一直都按照标准的法国做法来制作薯片。

但是，一天，一个挑别客人让乔治遇到了麻烦。这位客人一进餐厅，对就餐厅的设置提出了质疑。当他点了一份薯片来吃时，一直说厨师把薯片切得太厚了，简直太难吃了，而且最后拒绝付账。为了达到顾客的满意，乔治又重新切了一份薄一点地送去，但是，那位客人还是东挑西挑，又说薯片切得太薄了，仍然拒绝付账。

服务员们都看到了这位挑剔的客人，当送走客人后，大家都抱怨那位客人没有绅士风度，很不讲理。乔治心里当然也很堵，但是，他并没有像同事们一样抱怨，因为他是厨师，他最大的责任就是让客人对自己的菜品满意。现在，客人因为自己的菜品而带着气走了，他该怎么办呢？如果改进菜品的话，就改变了餐厅长久的习惯，可能会因此失去大批客人；但如果不改进的话，明天客人来时，仍然会对菜品提意见，自己身为一个厨师也就丢失了该尽的责任。思来想去，乔治还是选择了责任，他大胆地对薯片进行了改进加工：他把马铃薯切得很薄很薄，薄到一炸之后又酥又脆，根本无法用叉子叉起来的程度。

虽然这样的做法已经与正宗的法式炸马铃薯片标准大相径庭了，但是，当第二天客人到来时，乔治把闪着淡黄色油光、薄得像纸一样的薯片端上客人餐桌时，那个客人竟然十分满意了。从此以后，这种薯片被命名为"萨拉托加薯片"，它慢慢代替了原始薯片，因为当客人品尝了这种薯片后就再也不点原始薯片了。

不久后，人们将这种薯片包装起来，发售到新英格兰地区，受到众多好评。乔治也开了一家属于自己的餐厅，招牌菜就是他"被迫"发明的这种薯片。

乔治为了完成一个厨师的责任，苦心研究，最终达到客人满意的程度，甚至从中收获了更多。无论是你是谁，有怎样的家庭背景，承担多大的责任就意味着获得多大的成功。你勇于承担责任，不断地锻炼自己、提升自己，那么必将获得更多的机会，取得更大的成就。但是，有些人总是唯唯诺诺，对于任何事都"凑合"，特别是当遇到困难事，马上就会逃避，那么，这些人永远也不会有所作为，取得成功。

勇敢，坚持，不向困难低头这是一个人应该具有的坚韧性格，当你淘尽

了自己的泥沙,你就会发现自己原来是一块熠熠放光的金子。勇于承担各种责任,是一个人走向成功的必经之路,如果不让自己一直在温室中成长,那么永远无法到达成功的彼岸!

不知道是谁捏了一堆泥人,他们一直站在河边,看着小河哗哗地流水。一天,上帝知道这件事后,他想给万物提供生存的机会,于是就对河边的泥人说:"如果你们谁能够走到河流的对岸去,我就赐给他一个肉体,让他能够做人类的一员。"

旨意下达之后,河边的泥人议论纷纷。"做泥人挺好呀,只不过是不能动罢了,如果要过河的话,河水一点点冲散我们的身体,那是多痛苦的事儿呀!""对呀,做人有什么好呢?太危险了!""别做白日梦了,如果让我那么痛苦,我宁可做泥人!"

在这些议论声中,一个老泥人发话了:"既然有机会成人类的一员,我们就不能放弃,但是这么危险的事情我们不能全部去试验,所以下面大家选择一个代表,去帮着大家试一下吧!"泥人们你看我我看你,谁也不敢去,突然,一个小泥人站了起来,说:"我愿意去!"

他下定决心有两个原因,第一,每当他看到河边追逐玩耍的孩子就觉得好羡慕,他真的很想做一个人;第二,也是最重要的一个原因是,身为泥人中最小的一个,他应该肩负起这个危险的责任。虽然大家都很反对,因为这个任务太危险了,他们宁可永远做泥人,也不愿意冒险,但是,小泥人主意已经打定了,他要为了大家去寻找那个"天堂"。

小泥人来到河边,想了一下,回头看了看河边泥人担心的表情,他勇敢地把双脚踩入了水中。顿时,一种撕心裂肺的疼痛笼罩了他,他体会到了同伴所说的痛苦,他的脚在飞快地溶化着,身体也在一分一秒地消失。

"现在回去还来得及!不然,你就永远消失啦!"河水警告小泥人。但小泥人并没有放弃,他忍着痛,一步步地前进着,他现在连后悔的资格都没有了，因为，如果倒退回到岸上的话，他也是一个残缺的泥人，最终也是毁灭。虽然不知道上帝的旨意是否能实现，但他一定要坚持下去。

小泥人步步前行，二厘米，一厘米，又一厘米……小鱼小虾也都像疯了似的跑来啄着他的身体，松软的泥土一块块与他的身体分离，很多次，他真想就那样躺下来，但他明白，如果他在这里倒下去，就会永远从这个世界上消失了，那时，连这种痛的感觉都将没有。小泥人咬紧牙关，他双眼瞪着彼岸，一步步地靠近。

就在他绝望到了极点时，突然发现他竟然已经在岸上了，彼岸上满是花花草草，香气扑鼻，这一刻，他觉得分外轻松，过河的痛苦仿佛一下子消失了，突然，小泥人倒在了地上。

当小泥人醒来时，他发现自己置身于一片草地上，身边蜂飞蝶舞，他突然来了精神，快乐地在草地上奔跑，刹那间，他看到了自己的双脚，那是只有人类才拥有的东西。小泥人快乐地向着河对岸挥手，大喊着："伙伴们，快过来吧，我完成任务啦，变成人啦！"

小泥人冒着生命的危险为了肩上的责任而努力着，最终，不仅他变成了人类，也为所有的泥人开辟了一条成人之路。其实生活中很多时候需要我们勇于担起一份责任，并为之坚持向前，小泥人有一个信念，那便是为了大家变成人类，也正是这个信念让他变得坚强勇敢起来。

每个人都希望得到别人的赞美，实现自己的理想，但是要知道这一切都是靠努力和责任心去换取的。带着责任心去生活，是一个人勇敢、坚强的体现，是改变未来的一把利器，别让别人把你当成懦夫，拿出你的勇气，承担各种责任，让责任心助你成长吧！

38

有责任有担当，这是做人的基本

原美国总统肯尼迪说："一个具有高尚人格魅力的人，不会问社会能给你什么，而是时常问自己，我能为社会做点什么。"法律规定了人的权利和义务，我们在行使权利的时候，义务也必须尽到，这个义务从某个角度来说就是一种责任，责任可以使人感到无形的压力，压力产生动力，把自己应负的责任承担到底。这样的人是正直、高尚且具有人格魅力的，有责任有担当是作为一个人的基本。

张斌和萧强是同一家超市的店员，他们工作时间相同，薪水相同。但是，进店一段时间后，张斌不但提了薪水，还提升了职位。而萧强依旧是一个小店员，没有丝毫的长进。因此，萧强一肚子的怨气：张斌究竟好在哪儿呢？总经理为什么那么偏袒他？

一天，萧强找到了总经理，开始抱怨，当总经理听完萧强的"诉苦"，对萧强说："这样吧，今天我们的货物你来清点，你去一分店看看短了什么货。"总经理安排完任务后，萧强快步地跑下楼，打车到了分店。

很快萧强回来了，拿了一张缺货清单。总经理问："这张缺货清单是分店长亲自开的还是你统计的？"

萧强说："分店长统计的。"

"那么，这批货物的缺货时间分别是什么时候呢？"总经理又问。

萧强又迅速跑回分店去，把缺货清单后面又加了一列缺货时间。

回到总经理办公室，萧强气喘吁吁地说："全都在这里了。"

总经理看了一遍缺货单问："分店有滞销的货物吗？"萧强突然愣了一会儿，又跑回分店要来了滞销货物清单。总经理看着累得满头大汗的萧强，说："你一直在奇怪为什么张斌比你升职快，下面你就来看看其中的原因吧。"说完，总经理让秘书把张斌叫来。

"张斌，你去二分店看看缺货情况吧！"总经理对张斌说。

大约半个小时后，张斌回到了办公室，拿了几张纸递给总经理说："这张是缺货清单，二分店地处闹市区，但最近的菜场要比超市远，所以果蔬类缺货严重。这份是附近新增加菜场超市的分布图，因为这里有一个日用品批发市场，所以我们的日用品销售缓慢，这份是滞销货物清单。"张斌交待完情况，又询问经理，"我需要去把这些货物补仓吗？"

总经理摆摆手，说："不用了，一会儿让二分店自己去办理吧！"

萧强一直在一边看着，总经理说："现在，你能明白张斌为什么比你升职快了吗？"

张斌迅速地升职全然决定于他的责任心，出于一颗对工作负责的心，当接受一项任务时，他考虑地更加全面。而萧强在接受任务时，只是为了完成任务为目的而去完成，并没有觉察到他自己的责任。俗话说："支一支，动一动。"责任是一种担当，而不是受别人的支配而行动。

无论是谁，无论他有着怎样的背景，无论他的社会地位怎样，在他的身上都肩负着许多责任。对父母、朋友、自己甚至陌生人都有一份责任，这些责任让你生活充实，魅力四射，这些责任伴你成长，助你发展。

世界著名的船王包玉刚并不是一开始就做海运业务的。但是他有一个特点，那就是每做一个新行业，他就会兢兢业业地去钻研，持之以恒，从来不会逃避或者放弃。他从银行业做到了贸易业，从海运业做到了地产业，每一次新的尝试，他都会下很大的功夫，力求做到最好。他曾经为了方便与外国人交流，自学英语，几十年如一日，现在去各地旅行时他基本上不用带翻译。

包玉刚被称为船王就是因为他的海运业务。可是刚刚到香港时,他对海运业务可以说是一窍不通。为了做成业务,他派人去伦敦买了一批有关租船和海运财务的基础书籍,经营货船的手册等,他把自己的休息时间严格压缩到了最短,把各个部门的业务都记在心里,员工们都休息的时候,他仍在研究着业务。

包玉刚从来都是全力以赴地工作,他对自己的要求十分严格,从来不懈怠,无论是哪个部门出现了问题,他都第一时间解决。在早期,他所管理的船只无论出了什么毛病,只要时间允许,他就会亲自赶到现场去处理,直到解决后才离开。而且,他的管理也十分严格,包玉刚曾经对他的员工说:"如果你的头脑中有一个新想法时,一定要赶快记录下来,无论你是在用餐或是沐浴,绝不能因为你的怠慢而丢失了你的灵感。"这位员工后来因为压力过大而离职了。

船队越来越大,但是每次新购进一批船只,或者录用一位重要人员时,他都要亲自过问,从来没有一次因为怠惰而忽略了自己的工作。造新船时,他除了派经验丰富的老验船师去督工之外,还积极地听取汇报,甚至亲自登船检查。每当第一次试水时,他都要亲自督查新船试水细节。

包玉刚的成功依赖于他不断的努力,这份努力正是他对事业的一种担当责任。只有那些愚蠢和肤浅的人才会靠运气成功,但这种成功是不长久的。世界公平吗?当然,你尽心尽力地学会担当,哪怕你没有可以炫耀的学历背景,或者没有出众的才能,只要担负起责任,全身心地投入,你就会脚踏实地地走向成功。

人是大自然中最智慧的生物,那么更应该明白责任是什么,一个有责任感的人,会融入这个社会,找到自己的位置,实现自身价值,而一旦失去责任感,将注定会失败。担负起应尽的责任,是一个人作为的基本要素。

39

机遇常常伴随责任左右

俗话说："机会往往会垂青有准备的人！"改变人生的机遇并不是很多，但每个机遇来临时你准备好了吗？这正像考试一样，我们明明知道有期中和期末考试，可是却在平日不为他们做准备，等考试临近时才"临时抱佛脚"，那么好成绩会为你而到来吗？

怀才不遇的人叹息机遇从来不与他碰面，殊不知他已经很多次与机遇擦肩而过。时间在你的叹息声中一点一点地流逝，机遇怎么会向一个总叹息的人敞开大门呢？一分耕耘才有一分收获，付出总会有回报。在生活中，拥有强烈责任心，凡事认真负责又勤奋刻苦的人才能把握住每一次机遇，因为机遇是常常伴随在责任左右的。

有一个老板拥有一家大型的工厂，工人近百人，由于受到经济危机的冲击，厂子近几年的业绩老是提不上去。员工们都以为老板会立即缩减人员，节省开支，对此十分担心，每天不安地工作着。

但是，老板却像平时那样，每天平静地上下班，甚至还有些闲情，在厂房一块空地上，引进各种草类，亲自耕耘种起地来。员工们对此议论纷纷，有人认为老板是一个善于发现商机的人，他种草一定是打算另辟蹊径；有的人则认为老板是被气糊涂了，宁可自己当农民也不愿正面危机。

听着员工的这些议论，老板并不理会，只是默默地伺弄着那些草，每天起早贪黑，辛苦而认真地工作着。

一年以后，那块空地换来了这样的景象：一丛丛、一蓬蓬，到处凌乱得

很不像样子。

后来,老板开始经常带领着员工们去草场进行劳动,将病快快的草除掉,留下的那些草生命力特别旺盛。给它们留足空间让它们繁衍生息。

员工们丈二和尚摸不着头脑,谁都猜不出来老板葫芦里卖得是什么药。

四个月以后,老板开始进行人事上的大调动。那些涣散,不务正业的员工一律被开除了,那些努力工作的人得到了提拔与肯定。

谁都没有想到老板有这一手,竟然会这么大力度地进行了人事调动,人们对老板的做法充满着疑惑。

在年终聚餐的时候,大家抑制不住心头的疑问,问起了老板。

老板笑笑说:"我有位朋友,买了栋带着大院的房子,他一搬进去,就对院子全面整顿,原先的杂树一律清除,改种自己新买的花卉。当原先的房主回访时,他才知道把名贵的牡丹当成杂树除掉了。"

员工们面面相觑,不知道老板这葫芦里卖得什么药。

老板喝了口酒,继续对大家说:"所以,我吸取了朋友的教训,每年春天的时候会仔细观察,等它们生长一段时间后,再把那些无用的,杂乱的草除去,只留下一些生命力旺盛的珍贵草木。"

这时,一名主管突然恍然大悟说:"原来,您这一年多看似不关心工厂,实际上是在等我们自由生长呀!"

老板听了这句话,哈哈大笑起来,他点点头说:"对,面临危机时的减员更需要谨慎,我怎么能一遇到危机就去调人事呢?我得仔细观察,机会总是留给那些有责任心的人的!"

生活其实给了每个人机会,只是有些人有没有把握住而已。一个有责任心的人,无论在什么情况下,都会认真地去生活,所以机遇也就自然而然地出现了。这些人看似平时很"吃亏",别人松懈的时候,只有他"傻子"一样的工作着,但正是这些"傻子"才会得到最终的成功。

有些同学,在班级中常常会"吃亏",劳动中,最脏最累的活别人都躲得远远的,但他会挺身而出;学习中,最难的题他先解,然后再把解题方法教会大家;生活中,他任劳任怨,不计较得失,自己吃了亏还全然不知⋯⋯这样的人,不会紧盯付出与回报的比例,他们从不吝惜自己的付出,表面上是吃了亏,但实际上却得到了很多。

很多人都有着梦想,可是却始终无法实现,整日里就是抱怨与委屈,说什么根本没有机会让他大展宏图,其实,并不是缺少机会,而是你没有勇于承担起责任。只有勇于承担起责任,才会发现责任中蕴藏着许多机遇,因为机遇往往隐藏在责任的深处。

机遇在哪里?就在你无法预料的责任中,可以说,生活中处处充满机遇,只是你是不是对于每个责任都勇于担当。

一个坚守责任的人,会毫无怨言地完成任务,他们始终相信"责任高于一切",而一些机遇就在他们完成任务的过程中纷纷露出了头,唾手可得。没有责任就没有机遇,责任越大,机遇也就越多,因此,勇于承担起你的责任吧,"吃亏"也要坚守,再苦再难也不要放弃,因为机遇正在一旁观察着你,当它觉得时机成熟时便会自动现身啦!

40

家庭也是一份伟大的事业

我们生活在一个温暖的家庭中,每天早上,匆匆忙忙地吃过早饭,纷纷各奔东西,上学、上班或者买菜,每个人都有自己的任务,而且正在有条不紊地完成着。到了晚上，拖着一身的疲惫，结束了或喜或悲的一天，回到家中，才觉得安心与舒适。家，是一个港湾，承载着每个人的心灵。我们为了家而在外忙碌着，家也为了我们在静静守候着。

每个人都为着自己的未来而奋斗，开创自己的事业，但是，你是不是把家给冷落了呢？其实家庭也是一份伟大的事业，每个人都在为了家庭而努力铸就着幸福明天。

他下班很晚又加上有应酬，回到家已经很累了，他烦躁地推开门，发现刚进幼儿园的女儿在门口等他。

女儿见爸爸回到家中，说："爸爸，我问你个问题好不好？"

听到女儿的问话，本来就心烦的他，没好气地问："什么问题！"

"爸爸，你一小时可以赚多少钱？"

"跟你有什么关系，别烦我！"他把女儿推开，低头在门边换鞋。

"告诉我吧，我就是想知道。"女儿哀求地看着爸爸。

他看了一眼女儿，无奈地说："这么晚了你怎么还不睡，我一小时赚50元。"

"嗯。"女儿若有所思地低下了头，她扳了一会儿手指，突然说，"爸爸，你借给我20元钱行吗？"

他看了一下女儿，心烦极了，大吼道："你要钱干什么？如果你又想要什么娃娃或者糖果就回你房间去，你没看到我每天这么辛苦吗？如果想要钱买东西找你妈妈去！"

女儿噘了一下小嘴，静静地回到自己房间去。

第二天早上，他酒醒了过来，看到小女儿安静地吃着早餐，想起昨天晚上的事，对女儿说："对不起呀，昨天爸爸对你太凶了，你想要买什么呢？"说着拿出20元，继续说，"现在爸爸给你钱，让妈妈带你去买你想要的东西吧！"

女儿听到爸爸的话，高兴地跳起来，她跑回房间，不一会儿抱了她的小猪储蓄罐出来。她把储蓄罐里的钱倒出来，里面的确有不少。

"爸爸，这里面是 30 元，加上你借我的 20 元，已经够 50 元了！"女儿说着，抱住爸爸的脖子说："现在我要买你一个小时的时间，今天晚上我想和你一起吃晚餐。"

听完女儿的话，他愣在那儿，瞬间觉得自己眼睛模糊了。

我们可以理解这位父亲，他在外面辛勤工作是为了家，可是太过于关心工作了，反而忽视了自己的家，忽视了与孩子的交流，忽视了对家庭应用的责任。也许有一天，我们也会长大，全心地投入到开创事业中去，可是那时，请不要忘记，名与利是不能代替情的，把对家庭的责任也当成自己的一份事业来开创，那时你会得到更多的幸福。

不要等到生病时才想到家的重要，不要等到失去时才注意到家的可贵。如果将来你没有工作，可能会没了思想与精力的寄居处，但如果没有家庭的话，工作事业再出色，你也没有归属感，永远只能像云彩一样飘浮在空中，受伤了没有疗伤处，永远只能找个角落自己舔拭伤口。

他嘱我路上小心，夜里警醒些，不要受凉。又嘱托茶房好好照应我。我心里暗笑他的迂；他们只认得钱，托他们真是白托！而且我这样大年纪的人，难道还不能料理自己么？唉，我现在想想，那时真是太聪明了！

我说道："爸爸，你走吧。"他望车外看了看，说："我买几个橘子去。你就在此地，不要走动。"走到那边月台，须穿过铁道，须跳下去又爬上去。父亲是一个胖子，走过去自然要费事些。我看见他戴着黑布小帽，穿着黑布大马褂，深青布棉袍，蹒跚地走到铁道边，慢慢探身下去，尚不大难。可是他穿过铁道，要爬上那边月台，就不容易了。他用两手攀着上面，两脚再向上缩；他肥胖的身子向左微倾，显出努力的样子。

这时我看见他的背影，我的泪很快地流下来了。我赶紧拭干了泪，怕他看见，也怕别人看见。我再向外看时，他已抱了朱红的橘子往回走了。过铁道时，他先将橘子散放在地上，自己慢慢爬下，再抱起橘子走。到这边时，我

赶紧去搀他。

他和我走到车上，将橘子一股脑儿放在我的皮大衣上。于是拍拍衣上的泥土，心里很轻松似的，过一会说："我走了，到那边来信！"我望着他走出去。他走了几步，回过头看见我，说："进去吧，里边没人。"等他的背影混入来来往往的人里，再找不着了，我便进来坐下，我的眼泪又来了。

这是朱自清《背影》中的句子，当读这些段落时，你有没有忍不住落下眼泪？"儿行千里母担忧"，父母给予了儿女太多的爱，可儿女却常常习惯了接受，把自己对父母的责任忘在了脑后。作为子女，你一天天长大的时候，父母一天天地老去，不要等到"子欲养而亲不在"才想起自己的责任，父母给了你一个家，你一定要撑起。

把家放在心里，时时去关爱，把家放在肩上，扛起一份责任。不要总忙于学习与工作，要知道家庭也需要经营，是一份值得你一生开发的事业，而只有对家的责任才会让你尝到浸入心脾的幸福的滋味。

41

责任让我们慢慢成熟

很小的时候，我们只知道贪玩，贪吃，回想一下，当小小的我们进入超市后，对于什么东西都是张口就要，伸手便拿。但是随着年龄的增长，我们学会了看价格表拿东西，对于某些华而不实的东西，即使再喜欢，也会与父母商量后再决定买与不买，这时，父母会抚摸着我们的头说："好孩子，长大啦！"

对，责任让我们更快地成熟，我们开始考虑很多事情，父母工资低要帮他们节省;进公园大门一定要买门票;朋友做错时会耐心劝阻;……这一切的一切,都是因为你已经有了责任心,责任心是一个人人格的基石,更是促进一个人成长的重要因素。

阿贝尔·加谬是1957年诺贝尔文学奖的获得者,他出生在一个贫苦的家庭中,在他很小的时候,父亲就死在了战场上,因此,他自小就与母亲相依为命。因为家中没有什么积蓄,他们一直生活得很艰难,但是,母亲为了不让加谬感到自卑,到了入学年龄后,就执意把加谬送到了学校。母亲咬着牙撑起了这个两个人的小家,她每天都努力地工作着,没白天没夜晚地工作着,刚刚三十几岁的人脸上就已经布满了皱纹。小加谬慢慢懂事了,他突然发现因为他的上学使得家里的生活更艰难,妈妈肩上的担子更重了,他却不能够帮助妈妈,为此他常常心疼地掉眼泪。

一天晚上,小加谬在一盏昏暗的小煤油灯下复习功课,当他写完作业后,就按照妈妈的吩咐躺下睡了。半夜,一阵哗哗的水声把他惊醒,他寻声望去,发现妈妈正在外屋给人家洗衣服,为了省柴,她竟然用冷水在洗,两只手冻得通红。小加谬一下子从床上爬起来,哭着跑到外屋,抱着妈妈说:"妈妈,我不要再让你这么辛苦了,我不上学了,我已经长大了,我要出去找点活干,帮您减轻负担。"

儿子善解人意的话,让妈妈的眼睛湿润了。她把小加谬紧紧地搂在怀里,泪水顺着面颊流了下来。看见妈妈哭了,小加谬有些不知所措:"妈妈为什么哭,我不是不好好学习,就是想不让你这么辛苦呀!妈妈别哭了,我错了!我错了!"

"好孩子,你没错呀!妈妈这是幸福的眼泪呀,你现在还小,妈妈怎么舍得让你去干活儿呢?现在好好学习吧,等你长大了,妈妈才能更幸福地享受呀!"

听了妈妈的话,小加谬认真地点了点头,他决心一定要好好学习,为了

妈妈而努力。妈妈虽然天天这么辛苦,但随着小加谬年级越升越高,家里越来越困难了。小加谬结束了小学生活后,他再次向妈妈请求退学,最后妈妈只好同意了,因为她也是有心无力了,但是,妈妈告诉小加谬:"你可以找一些事情为家里减轻负担,但是一定不能把学习耽误了。"

于是,小加谬一边读书,一边工作,最开始的时候,他找到的是一份扫大街的工作,对于年幼的小加谬来说这无疑是一份苦差事,他每天天不亮就起床,挥动着与他几乎一边高的沉重的扫帚,他常常累得满头大汗。但是,小加谬并没有说苦,因为他心中有一份责任,他要减轻妈妈的负担。

之后,他又去了一个餐馆,他的工作就是洗碗,比扫大街更加的辛苦,但他每天都拼命去干活,争取洗更多的碗挣更多的钱。在工作期间,小加谬仍没有忘记妈妈的话,他一样用心地学习着,最后通过自己的努力考上了大学。

艰难的生活让加谬经受了磨炼,但正是这种艰难才让小加谬早早地体会到了肩负的责任,他要为家、为妈妈而让自己变得勤奋起来,变得更加强大。

俗话说:"穷人的孩子早当家。"因为他们对家庭的责任心,让他们早早成熟。当一个人的责任心在心底萌发时,即使日子再灰暗他也有精神支柱,那么他就会慢慢走向成熟。一些家长,对孩子寄予了太多的希望,于是把一份份责任强加在孩子身上,本来是想让孩子们感觉得到肩负重任,结果却让孩子丢失了信心,对责任看得越来越淡,最后适得其反。

在李林小时候,父亲做着生意,家中境况很不错。但是,随着父亲的生意破产,欠下一笔数目不小的债务之后,他们家的日子就变得越来越艰难,甚至窘迫起来。

不过,李林的母亲是一名既勤快又充满乐观主义精神的女性。虽然家里的生活条件变得很差,以前的别墅换成了一居室,但她仍巧妙地在客厅隔出了一间屋子,给3个孩子安排了一个舒适的生活空间。而且,她让3个孩子轮流值日,帮厨,洗衣服等,后来她还教会了孩子们农活,教他们如何给小苗浇水,如何采摘;之后,孩子们又在邻居的小店中打工,提早学会了适应社会,但没有一个孩子因此把学习耽误掉。

好多人都舍不得让孩子去承担,孩子也常常把自己娇惯起来,因此,现在才出现了很多"不懂事"的"非主流"孩子,他们从来觉得家就是用来索取的,付出那是爸爸妈妈的事。李林的母亲是一位精明的母亲,她尽到了作为一个母亲的责任,不是把孩子宠起来就是"爱",只有在全家人的共同劳动中,让孩子体会到劳动的乐趣,领悟对家庭的责任感,提高他们的能力和责任感,那才是真正的爱。

勇于承担生活中的责任吧,它会让你从中受到磨炼,会让你增强自身的抗压力,会让你渐渐成长。别做温室中不经风雨的小花,因为它们永远只是娇弱而无趣的;如果要开放,就要做秋菊,在秋风中开放,依然那么灿烂。

责任会让你走向成熟,你成长过程中必须要承担的就是责任。

第六章 有责任的人这样做

很多人感叹日月如梭，感叹青春渐行渐远，而自己却始终与成功无缘，但是，他们没有注意到，当机会来临时，他们常常与机遇擦肩而过。一个有责任感的人，才会抓住每个成功的机会，他们会把每个小事都做得很好，从不找任何借口来推卸责任，而且方方面面、时时刻刻践行着自己的责任，于是他们走向了成功。

42

将责任根植于心

"责任"不是单单是一个词语，一名口号，它是人由心而发的一种品质，每个人从事着不同的工作，能力和待遇也有所不同，但无论是谁，在什么样的位置，他都有一份责任。这份责任没有大小的区别，就像建楼，水泥工的责任就是筑好每一根水泥柱，砖瓦工的责任就是砌好每一块砖，建筑师的责任就是画好每一份图纸监督建设，分工不同，但每个人都有一份责任，这个责任不容小觑，更容不得半点松懈。

怎样才能完成好每一份责任呢？唯一的办法就是将责任根植于心。常常听到有人说："你要把事儿当事儿，要上心！"实际上就是这个意思了。因为责任心关系重大，哪怕一个小小的失误，后果可能就不堪设想。

一所大医院的手术室里，年轻的护士与外科大夫吵了起来。

"大夫，您只取出了9块纱布！"护士数着盘子里的纱布满脸疑问地看着大夫。

"对！"外科大夫已经准备缝合了，他轻声回答了一句。

"可是我们用了10块，请您再仔细检查一下再缝合。"护士正色地对大夫说。

"我已经都取出来了！"大夫确定地说。

"请停下来，我们用了10块，您现在只取出了9块，请仔细检查！"护士焦急地说。

"我已经检查完毕了！"大夫并没有理会护士的话，他对另一位助手说，"缝合。"

"您怎么能这样！"护士突然急了，她冲着大夫大喊道，"你这样不负责怎么配做医生！"

大夫看着涨红了脸的护士，从一边儿拿出一块纱布笑着说："这是你的第10块纱布，你真是一个合格的护士呀！你已经通过考试了！"

原来，大夫对病人只用了9块纱布，第10块纱布被他放在了手术台的一边，这是他对实习护士考察转正的最后一项考试科目。

责任心是一个人最基本的品格，是一个人的良知。护士以对病人负责的态度敢于厉声指责外科大夫，对她而言，这是对决定她去留的老师的顶撞，可能会因为这种顶撞而丢掉工作。但是，身为一个护士的良知告诉她，病人的安危比她保住工作更加重要。

很多人认为，责任是那些有权有势的人才具有的，自己只是一个普通人，哪有什么责任呀！其实，无论是谁，在什么时候，责任心比任何品质更加重要。把责任心根植于内心，脑海中始终有一种强烈的忧患意识，这样你才能更加优秀。

责任心是一种习惯性行为,也是一种很重要的素质,是做一个优秀的职业人所必需的。有人说:"人生所有的履历都必须排在勇于负责的精神之后。"责任能够让一个人具有最佳的精神状态,精力旺盛地投入工作,并将自己的潜能发挥到极致。也就是说,一个对别人认真负责的人,那么他才能对自己负责;一个时刻铭记责任的人,他的工作一定会很出色。

著名企业家余世维先生因公到泰国出差,他入住了世界一流的东方饭店。他这并不是第一次入住,几乎每次出差他都要在这里下榻,因为这里不论是外部环境还是服务态度,甚至每个细节都让他非常满意。

一天早上,余世维刚刚走出房门,他准备去楼下用餐,当他走到电梯旁时,楼层服务小姐走上前,说:"余先生,您要下楼用餐吗?"余世维点点头,但是他很惊讶为什么楼层小姐知道他的名字,但是又一想,也许自己常常在报道中出现,比较好认吧。想到这儿疑问也就打消了,于是快步走进餐厅。

"余先生,您早,里面请!"餐厅服务小姐在门口迎接着。怎么会又认识我?余世维不禁愣在那儿。餐厅服务小姐看出了余先生的错愕,马上询问:"余先生,有什么需要帮您的吗?"

"你们认识我吗?"余世维问。

"是的,我们这儿有规定,当客人入住时,一定要认清每一位客人。"小姐微笑着回答。

"哦!"余世维不由地在心中赞叹,他继续问,"那你怎么会在电梯口迎接我呢?"

服务小姐微笑着解释说:"上面打来电话,说您要下楼用餐了。"

余世维十分感叹东方饭店高效率的办公和体贴入微的服务。

当服务小姐把余世维带到餐厅后,问:"余先生是要老位子,还是换个新位子呢?"

"老位子?"余世维奇怪地问,"难道我去年用餐的位子你们还记得吗?"

"是的,我已经查过您的记录,在去年6月8日的时候,您在靠第二个窗的位子用过早餐。"服务小姐详细地说出了位子,余世维心里激动万分,忙说:"那就老位子吧!"说实话,连他自己也不记得去年用早餐的位子。

服务人员很快把早餐端了上来,一份样子很特别的点心摆在了桌子上。余世维好奇地问:"中间那个红色的是什么?"

服务小姐向前看了一眼,然后身子自动向后退了一步给他解释。

"旁边黑色的是什么做成的?"余世维又问。

服务小姐向前看了一眼,又后退一步解释。

余世维心中对东方饭店的服务佩服之极,服务小姐为了防止说话时口水溅到食物中,后退给客人解释,连这种小细节东方饭店都注意到了呀!

东方饭店给余世维留下的深刻印象,只是一次短暂的泰国之旅就这样令人难忘。5年后的一天,余世维突然收到一张贺卡,里面还有一封简短的信:"亲爱的余先生,您已经5年没有光顾东方饭店了,我们全体人员非常想念您,希望您再次光临。今天是您的生日,祝您生日愉快。"这时,余世维才想起,原来今天是他的生日,他十分激动地对身边的人说:"如果去泰国,一定给我订东方饭店。"

东方饭店以细致入微的服务感动着每个入住的客人,这不是表演出来的,而是责任心的体现。一个有责任心的人,一定是把责任根植于内心之中,遇到事情后,先考虑清自己的责任是什么?如何做才能周全。责任心是取得成功的第一要素,如果要想成功就从现在开始把责任根植于心底吧!那么,怎样才能把责任根植于心底呢?

一、认清自身责任。每个人都应该清楚地认识到自己的责任是什么,作为儿女对父母的责任,作为学生对学校的责任,作为公民对社会的责任……无论是谁,身处何方,都肩负着不容忽视的责任。

二、强化自身责任。不要把责任当成一种被动的负担，而要主动去担当，就像当你自觉地去写作业时，作业完成的效率高，你的心情也会很好；但当父母强制去完成时，作业就成了一个苦差使。责任要自觉自律的去强化，才能做得有价值。

三、成就自身责任。法律规定每个人享有权利，这些权利保证了人生存在这个社会上的基本条件，但是在享有权利的同时也是要尽义务的，这些义务就是法律所规定的责任。随着你完成一个个义务的过程，你慢慢地长大了，你认真地完成一个个义务的时候，他们便成了你成长过程中必备的条件，成了你成就自己的助推器。

43

做个有原则的"老好人"

生活中有这样一类人，他们被叫做"热心肠"，他们拥着老祖宗留下来的"中庸"思想来为人处事，对别人有求必应，从来说不出"不"字，这样的人，被人们称为"老好人"。不过，"老好人"与"好人"是有区别的哟！做一个好人无可厚非，但做一个没有原则的"老好人"的话，那就危险了。

这种"老好人"虽然主动承担了很多责任，也为别人付出了很多，但他的一生只有碌碌无为，因为他们永远也不会突破，不会努力，前怕狼后怕虎，对于自己的责任，更是得过且过，浪费着时间和精力。

钱小磊是某传媒公司的平面设计人员，她很有才华，做事也勤快，而且是个天生的"老好人"，当别人向她提出请求时，她从来不懂得拒绝，有求必应，而且尽心尽力地去完成。有时，当别人所提出的要求她完成不了时，她也会照单全收,从不说:"对不起,我做不了。"

因此,办公室中常常响起这样的声音:"小磊,帮我把文件粉碎了!""小磊,我的传真你收一下。""小磊,帮我点一份午餐。"……办公室中的每个人都习惯于把自己的工作顺手转给钱小磊去做,钱小磊也觉得自己人缘很好,很受欢迎。久而久之,钱小磊成了全公司最忙碌的人,但是,也成了工作效率最低的人。

一天,她手头有一份方案需要马上处理,正在她紧急赶工的时候,仓库的小张满面微笑地走进门,钱小磊不由地心中暗叫"不好",她低下头,装作翻抽屉的样子,心想:我的工作已经快完不成了,我不能再答应帮着他了。

小张很快走到钱小磊面前,笑着说:"小磊呀,你是专业的,我们仓库的一批服装需要改良一下,可我们不是不懂吗?你能帮我出个设计方案不?"说着,把一堆服装资料放到钱小磊桌上。

钱小磊虽然已经打定主意,不能再为了帮助别人耽误自己的工作了,可是当她看到同事堆满微笑的脸时,就不知道怎么拒绝了,她对小张说:"好的!"这两个字简单就是不由自主地说出来了,钱小磊懊悔万分。

小张这下高兴了,拍着钱小磊的肩膀说:"你真是女中豪杰,真是个大好人!谢谢啦!"说完,她高兴地离开了设计部,只留下了满脸愁容的钱小磊。

这时,设计部长忽然打电话让钱小磊提交方案,当钱小磊只得抱歉地对部长说:"对不起,我还没有完成。"

部长一下子就火了,他在电话中冲着钱小磊大喊着:"你到底整天在干什么!为什么每次方案提交你都是最后一个!从进公司到现在,哪个任务你不是最后一个才完成?你做事太没责任心了,如果再这样继续下去的话,你自己递交辞呈吧!"

钱小磊挂了电话,伏在案子上默默流着眼泪。她在心里暗暗责备自己:为什么总是这么不懂拒绝呢?帮别人做了不少工作,结果落个没责任心。是

呀！自己本职工作都做不好，还谈什么有责任心呢！从今天开始，一定要会说不，不能再这么下去了。

自那以后，每当有人向她提要求帮助时，她总是说："好的，等我完成了手头上的事儿就帮你！"如果同事愿意等她忙完，她完成任务后就会帮同事，如果不愿意等，那同事也就自己去做事了。钱小磊终于学会了拒绝，委婉地拒绝，既没有得罪同事，又摆脱了"老好人"的困扰，而且也成了设计部长眼中的"得力干将"。

"老好人"成了给别人"打杂跑腿"的义务工，最终把自己的责任丢在脑后，变成了被别人利用的工具。以牺牲原则为基础的助人，是自我毁灭。一个人，如果连自己的责任都分不清，就不可能做好分内的工作；一个人，如果连责任范围内的原则都不遵守，就不可能成就自己。

变成没有原则的"老好人"原因是什么呢？也许有些人心事太重，依赖心强，他想得到更多的朋友，因此便会无限制的"助人"，有求必应，全然不顾自己的原则，他们唯一的原则就是不能罪人。或者也许有些人根本分不清自己的责任范围是什么，他们只是一味地被人呼来喝去，成就着别人。

每到周末，主管都会请大伙去聚餐，但每次聚餐都没有小张，因为小张总是在加班。其实小张并不是自己完不成任务，她的加班都是为了别人，比如：替小李把设计图搞定，替刘老师检查讲演稿，替小梅把演出服上的扣子缝好，还有陪好朋友购买结婚用品等，一堆一堆的事压着她，根本来不及与大伙一起活动。

小张有时感叹地对老公说："你说我这整天忙忙碌碌，结果都是在为别人做嫁衣。"老公也觉得小张整天一副疲倦的样子，于是便劝她说："你自己太过逞强了，答应了一大堆事儿来找麻烦。"

小张叹了口气说："我有什么办法呀，谁愿意开口求人，别人开了口，我又怎么好意思拒绝呢，那让人家多尴尬呀！"

　　老公太了解小张的为人了，她的心太软，好面子，又是一个热心肠，因此，无论谁开了口，她总是不好意思驳回，她怕惹人家不高兴，所以从来不会拒绝。结果，现在把自己累到心力交瘁，疲惫不堪的地步。

　　"老好人"为别人做了嫁衣，却把自己的前途埋葬。比如，老师让你收作业，一个同学向你求情不交作业，结果你帮他做了隐瞒，那么你这个"老好人"就辜负了老师的信任，别人也会怀疑你的能力或者人品有问题了。有人会提出来了，如果不做一个"老好人"的话，那么是不是就把人全都得罪了呢？其实不然，我们要会对人说"不"。

　　你要认真自己的责任，哪些事情是自己该承担的，哪些事情是必须要迅速做完的，哪些原则是不可以打破的。别把过多的时间放在帮助别人上，应该先把自己的任务完成，在有精力和时间的情况下再去考虑助人。对于那些要违反自己做人原则或者违反法规章制度的事情，一定要抵抗住各种威逼利诱，大胆地拒绝。

　　不过，当你拒绝时也不要铿锵有力地说："不！"弄得别人很没面子，说"不"时也要讲究一定的方法和技巧。

　　一定要态度诚恳，表示自己真的没能力去做。对于拒绝的方式，可以用摇头或者很忙碌的样子，告诉对方你现在真的很忙或者真的爱莫能助，并且说明原因，向对方致歉；如果对方还是坚持要你帮忙，死缠烂打的话，那一定要坚决地告诉他你拒绝的理由，不要犹豫，你犹豫就告诉他还有希望。

　　坦然面对自己的责任，恪守原则，不因外界的干扰而放纵自己，不做一位没有原则的"老好人"。

44

负责任就是把每一件小事做好

俗话说:"细节决定成败",生活中有很多小事,但就是这一件件的小事让人成长。有些人觉得事儿很小,就满不在乎,可是这一次次积累起来,后果就不堪设想了。比如,建造航天飞机是一件大事,可是在建造过程中每一次焊接,每一个螺丝都是小事,假如不把这些小事做好的话,怎么可能会完成这项伟大的工程呢?

"勿以恶小而为之,勿以善小而不为。"一个有责任心的人,会把每一件小事都做得周全,因为只有每一个部分没有缺陷了,整体才会变得完美。每个人的成功都不是偶然的,也不是什么好运气,而是在于他对一件件小事的处理方式,把每一件小事处理好才能成就大事业。

即使你有很出众的能力,一件小事的疏忽就有可能让你丧失发展的机会。有人常常叹息:"我就那么一件事没做好,就说我没能力!"看似非常地委屈,但正是这一件小事把你的责任心暴露了出来,一个负责任的人是能把每一件小事都做得很好的。一个人对小事的处理方式,已经注定他是否能走向成功。

阿基勃特原本是美国标准石油公司的一名普通职员。

每当他出差住旅馆时,总会在自己签名的下方写上:"标准石油每桶4美元"的一行小字。哪怕是一书信或者一张小的收据单,只要是他需要签名的地方,都会见到这一行小字。所以同事们给个起了个"每桶4美元"的绰号,久而久之,人们都称他为"4美元",他的真名反而被人们淡忘了。

董事长洛克菲勒得知阿基勃特的事情后，开始觉得很好笑，但后来他对秘书说："我的公司竟然有这样努力宣传公司产品的员工，我一定要见见他。"于是，秘书向阿基勃特发出正式邀请函，请他与董事长共进晚餐。

当洛克菲勒离任后，阿基勃特被众多的支持者推选为第二任董事长。

看似荒诞的签名，却是阿基勃特责任心的体现。这本是一件不起眼顺手而为的小事，可是就是这件小事成就了阿基勃特。对于公司的宣传，本不在阿基勃特的职责范围之内，他只需要把他的工作做好就可以了，但阿基勃特却意识到自己是公司的一员，对公司产品的宣传是每个员工都应该尽到的责任。因此，一件小事成就了一个董事长。

什么是小事？所有的大事都是由小事组成的，因此要完成一件大事，必然先要做好每件小事，一个责任心强的人，会把每件小事当成大事来做。我们生活中，能有多少大事呢？如果考试是大事的话，我们学习六年才面临一次中考，学习九年才面临一次高考，平日里的期中、期末考试以及老师的每一次测验就成了小事，试想一下，如果你平日里的成绩就平平，可能会在大型考试中取得优异成绩呢？

因此，一个负责任的人，是从做好每一件小事开始的，当成功完成一件小事后，会让人信心大增，精神百倍，也会得到别人的认可和赏识，获得成就感。如此说来，做每一件小事对于我们来说更加重要，那么，我们怎样才能做好每一件小事呢？

一、小事扩大化。不要认为小事那么好做，如果没有强烈的责任感的话，小事也会难以完成。因此，我们要把小事当成大事去做，投入自己百分百的精力，在小事情上充分展示自己。比如，你可以从每一次小测验逐步提高自己的成绩，可以从每一次活动让老师发现你的长处，等等。

二、小事漂亮干。摆正心态，不要对小事掉以轻心，得过且过，要以一颗追求完美的心态去完成每一件小事，把小事干得漂亮，获得别人的赏识。比

如,在擦黑板时仔细擦去每一处痕迹,在写作业时认真写好每个字,等等。

三、小事见价值。一个人的价值不一定要在惊天动地的大事中体现出来,如果你能把每一个细节做到最好,无人能敌,你就从中体现出了自身价值。比如,在办手抄报过程中,你负责画画,结果你的画功很了得,那么在同学眼中你就成了小画家,你自身的价值就从中体现出来了。

别看不起小事,任何事情都蕴藏着成功的契机,一个有责任心的人,一定会出色地完成每一件小事,而这一件件的小事正为了积淀了成功的基础。

45

不找借口,始终为自己的行为负责

如果你因为犯了错误而受到老师批评时,你有没有给自己找过借口呢?"因为路上人多堵车所以我迟到了!""因为他先动手打我,所以我才会打他的!""因为昨天有事,所以作业没写完"……这一个个的理由你熟悉吗?是不是你都曾经用到过呢?当一个人开始给自己的失误找借口时,证明他并没有完全认识到自己的错误,我们就有理由怀疑他是不是一个有责任心的人了。

一个连自己的失误都不敢负责的人,怎么可能对其他事尽职尽责呢?一个有责任心的人,是不会寻找各种理由为自己出现的失误开脱的,也不会费尽心力去找各种借口,他们会负起全部责任,寻求把损失降到最低点的方法。

西点军校的校训中强调:所有学员应想尽办法去完成任何一项任务,而不是为没有完成任务寻找借口,哪怕那是看似合理的借口。因此,当人们提到西点军校时立刻便会想到"没有任何借口"，这句话是西点军校二百年来奉行的最重要的行为准则之一，也是西点军校传授给每一位新生的第一个理念。

一位西点军校的学员给大家介绍他的开学第一课时，令人印象深刻。他说："我作为新生学到的第一课，便是接受一位高年级学员的大声训导，他告诉所有新学员，无论任何时刻遇到学长或军官问话，都只能有四种回答：'报告长官，是！''报告长官，不是！''报告长官，我不知道！''报告长官，没有任何借口！'除了这些简短回答之外，不能再多说一个字。"

之后，他又向大家介绍说："在西点军校里，军官最讨厌的就是喋喋不休、长篇大论的辩解。他们只要求你把好的结果带给他，否则的话，你只能得到一顿训斥。那里让我们明白一个道理：如果你不得不带队出征，那就别找什么借口了，当晚就把所有事情安排好。就像当你不得不解雇公司的数千名员工，那也没什么借口，因为你本应预见到要发生的事，并提前寻找对策。"

"没有任何借口"不仅是西点军校的校训，更是整个美国的军队的军训，士兵们心中始终只有一个观点：不能找寻借口。

"没有任何理由"成就了很多有责任有担当的好青年。西点军校之所以享誉世界，不仅仅是因为它培育出了很多军事奇才，更重要的是它传承着一种理念。"不能寻找借口"就不会有侥幸心理，就会义无反顾地向前，最走向成功。

借口是一个掩饰弱点、推卸责任的工具，它就像鸦片烟一样，只要找到一个借口并使用成功了，那么你就会上瘾，以后再遇到挫折和失败时你就有充分的理由为自己开脱。美国成功学家格兰特纳曾经说过："如果你有自己系鞋带的能力，你就有上天摘星的机会！"因此，永远不要为自己的错误辩护，即使你使用的借口再完美，也于事无补。借口太多，压力就会减少，因

此行动就会变得迟缓,性格也慢慢变得满不在乎,最终只能一事无成。

一家公司正召开一次营销总结大会:

营销经理说:"虽然最近销售做得不好,我们要负一定的责任,但是,主要的责任并不在我们这儿。大家已经看到了,竞争对手推出了很多新品,这些新品一上市就取得了顾客的信任与好评,这让我们的生意就难做了。所以,销售不好的原因应该让研发部门做一下总结。"

研发经理似笑非笑地说:"的确,我们最近推出的新产品是少了些,但是,我们也有我们的难处啊!你们知道财务部门每个月给我们多少预算吗?在这样预算下人才留不住,实验搞不了,因此,还是让财务部门做下总结吧!"

财务经理一脸不服地说:"你们都有理,我们的确是常常削减你们的预算,但是,不当家不知道柴米贵,你们知道公司的成本每个月的上升幅度有多大吗?我们不削减预算公司怎么办?所以,采购部门给大家一个交代吧,为什么公司成本逐月递增呢?"

采购经理听到这儿,气得从椅子上跳起来,说:"我们的采购成本是在上升,但是这能是我们决定的吗?俄罗斯的一个生产铬的矿山爆炸了,不锈钢的价格直线上升,我们生产成本当然也就上升了。"

"哦,原来如此呀!大家这样一说我才明白,公司出现问题的主要原因就是因为俄罗斯矿山爆炸了!"总经理作出了最后总结。

这个故事很具有讽刺意义。如果你是其中的营销经理甲,那么想一想:销售做得不好,不但没有半丝羞愧,还很坦然地把责任都推到别人的身上,这样的经理又能在这个职位上再待几天呢?如果一个公司里充斥着这样的经理人,这个公司又能支持几天呢?"不想做的事,你会找到借口;想做的事,你会找到办法。"这是阿拉伯世界的一句谚语。因此,一个人如果想要成就自己,肩负起应有的责任的话,那么就要先对借口说"不"。

首先，要从脑海中摒弃消极思想。做一件事，如果出现了失误，那么就一定要找到失误的原因，再去改进方法，直到成功为止。千万不要找各种理由来摆脱责任，把"这事儿可不赖我！"挂在嘴边上。

其次，承担并认清自己的责任。当肩负起责任后，不要东推西推，找各种理由搪塞，敷衍，不如干脆地承担下来，认清自己的责任，把压力转变成动力，去挑战自己，一步步向成功迈进。

最后，一定要牢记一句话，成功者永远在寻找方法，而失败者永远在寻找借口。当一个人能为自己的行为负责任时，他就离成功不远了。

46

忽视责任，将什么也做不好

生活中，有很多混淆自己责任的人，这些人常常会做许多无用功，事倍功半。但是，还有一种人，他们很明确地知道自己的责任，却没有责任感，使得最终效果大打折扣。他们对自己应负的责任一直很消极，认为没有必要那么较真，上学迟到没关系，不完成作业没关系。俗话说："千里之堤，溃于蚁穴。"平日认为"没关系"的忽视有朝一日可能就会形成一个大失误，最终什么也做不好。

忽视责任是缺乏责任感的表现，任何的岗位，任何的任务都有它存在的意义，我们不应该以主观观点来评价应受重视程度。就像任何高山都不是突然屹立的，它是经过数亿年沧海桑田的变迁才最终形成的。因此，如果总是以"无所谓"的态度对待自己的责任的话，怎么可能去做大事呢？

有一对兄弟以拾破烂为生，他们天天都盼着发大财，终于有一天，上帝被他们的财富梦感动了，决定给他们一次发财的机会。

这天，兄弟俩像往常一样从家里出发沿着街道一起向前走去，但是，与平时不同的是，今天这条街道仿佛被人来了一次大扫除，连平日里最微小的破烂都不见了踪影，仅剩的就是地上的一寸长的小铁钉。

老大看到路上的铁钉，便低头把它们一个一个地拾了起来。

老二看着老大的举动，嘲笑地说："两三个小铁钉能值几个钱？"说完，他大踏步地向前走，看看有什么新的发现。

但是，老大并不嫌弃，仍把铁钉一个个地弯腰拾了起来。走到了街尾，老大差不多拾了满满一袋子的铁钉。

老二正在街尾等着老大，结果看到老大拾了满满一袋子铁钉，不由地感动起来，于是打算也学老大那样拾一些铁钉，不管多少，最起码也能卖点钱。可是，等他回头去找的时候才发现，老大已经把路上的小铁钉都捡光了。

"没关系，反正几个铁钉也卖不了多少钱，算算老大的那一袋，大概也就值个三两元。"老二盘算着安慰自己。当他们两兄弟一起走到街口时，突然发现一家新开张的收购店，上面的收购牌特别显眼：本店急收一寸长的铁钉，一元一枚。

老二顿时后悔万分，看着老大用小铁钉换回了一大笔钱，他顿足垂胸，懊悔不已。

店主走近蹲在地上的老二，问："孩子，你们从一条路上来，难道你就一个铁钉也没看到？"

老二很沮丧说："我看到了啊，可是，谁能想到那么不起眼的小铁钉会这么值钱呢？那会儿我想回头捡时，它们却全都消失了！"

平日里，我们看似很微小的东西，只要慢慢积攒起来，就会有强大的力量。因此，我们不要因为事物微小就去忽视它，也不要因为太过熟练了而忽视它,俗说话:"淹死的都是会游泳的。"意思是,熟练后你就开始忽视危险的存在,掉以轻心,所以才酿成大祸。

"环大西洋"号海轮隶属巴西海顺远洋运输公司。

它是一条性能先进的船,但是,令所有人都惊讶的事情发生了:"环大西洋"号在一次海难中沉没了,21名船员全部遇难。

事故发生了,救援人员望着平静的海面,百思不得其解,这片海洋并没有遇到恶劣天气,船的性能也很先进,为什么就会沉没呢?在这条船上到底发生了什么?

突然,有人发现救生台下面绑着的密封瓶里有一张纸条,用21种笔迹记载着从水手、大副、二副、管轮、电工、厨师、医生到船长等21人的遗言:

"我私自出去买了一盏台灯。"

"消防探头误报警,我没有修理就把它拆掉了,之后忘了更换。"

"我没有例行检查船上设施。"

"我值班时因为饥饿就跑到餐厅用餐了。"

"我发现救生阀施放器有问题,没有修理就把它绑起来了。"

……

最后一条遗言是船长麦凯姆写的:"船上发生了火灾,我们没有办法控制火情,风助火势,很快火蔓延到了整条船。我们每个人都犯了一个小错误,结果酿成了一个大错。"

可能有些人会问:"那么,我们生活中就要一直精神紧张着吗?"答案是确定的。我们往往把紧张感、重视心理放在那些容易出错的事物上,殊不知很多小地方存在的隐患更容易出大事。因此,如果想把事情做好,必须重视自己责任中的每一处细微。生活中一些人总觉得"完美主义"是人的一种怪癖,其实不然,一个追求完美的人有着强烈的责任感,他们对自己的责任极为重视,每件事都要达到百分之百的完美,那么无论做什么事都认真细心

地做，最终便能实现大完美。那么，我们怎样才能改掉忽视责任的习惯呢？

一、随时自检。不要认为作业完成就一切 OK 了，每次完成作业之后的复检万不可减去。就像考试时老师常常会说："做完题后检查一遍。"目的就是怕因为这样那样的原因而忽视题目，出现失误。

二、追求质量。我们不要为了写作业而写作业，如果总是以一种应付了事的态度去完成作业的话，那么不但知识无法掌握，慢慢也会养成一种惰性。不要为了追求效率而把质量丢掉，因为在任何系统工作中，一个细小的失误就可能造成大量返工，那样效率并没有提高，反而降低了。

三、请求监督。一个人忽视责任往往是由于不自律造成的，如果请人监督的话便会让你更清醒的认识错误，敏锐地发现自己的不足，别碍于面子不好意思让别人监督，因为那样总比造成大失误，什么也做不好要强得多呀。

47

与父母交流沟通，这是做儿女的责任

"百善孝为先"，"孝"是中华民族的传统美德。每个父母都把无私的爱给了儿女，他们为儿女花尽了心血，花费了大好青春，他们为了给儿女最优厚的条件，用生命承担起了做父母的责任。现在，随着我们一天天长大，他们一天天变老，作为儿女我们要承担起一份责任，让他们欣慰地看到我们成长。

如果我们现在年龄还小，不能帮父母分担经济负担，那我们只能从小事儿做起，早晨不再让妈妈大声喊着起床；看到零食玩具也要忍住购买欲

望;听爸爸妈妈的话,不再顶嘴;考出一个好成绩回报他们的辛勤汗水……最重要的是要与父母交流沟通,消除彼此心灵上的顾忌。

随着青春期的进入,父母的担心就越来越大,他们担心你进入叛逆期,担心你走歪路……于是,一些看似怪异的行为便出现了,偷偷去找老师了解,悄悄翻抽屉看日记本,甚至你的一个小动作都会让他们小题大做。对于父母的这些行为,你是怎样对待的呢?最好的办法就是沟通。父母想了解你,那你就敞开心扉与父母沟通,让他们放心,这也是作为儿女应尽的责任。

张小莹的成绩一直很不错,所有的亲戚朋友都会羡慕张小莹的父母能有这样一个漂亮、可爱而且成绩又好的孩子。但是,张小莹对此并不觉得高兴,因为父母可能是出于"望女成凤"的缘故,对她要求一直很严格。

一次英语竞赛,张小莹因为一个口语语音的失误,以很小的分差屈居了第二名。张小莹拿着小一号的奖杯,心情差极了。她垂头丧气地回到家,妈妈便凑上来询问比赛情况,因为心情很差,所以便敷衍了两句回到了自己房间。

没想到,她的这一举动妈妈突然大发脾气,一直在门外数落,甚至还说:"你就让妈妈伤心吧!没良心,白养你这么多年呀!"张小莹听到这儿,火一下子起来了,她突然开门,对着妈妈大嚷起来。

妈妈见一向乖巧的女儿性情大变,更加伤心起来,她哭着跑出门外。张小莹心里又生气又内疚,她不明白为什么妈妈会因为自己一个随意的回答,会那么生气,并说那么多让人伤心的话。

这时爸爸回到家中,听张小莹说完后,说:"妈妈在家做好了一桌子菜等你回家,可是你回家后连理她都不理,名次不理想的你虽然很难过,但是因为你而担心一天的妈妈受到你的冷落不是更难过吗?"

张小莹若有所思地点点头,她明白妈妈生气的原因了。从那以后,每次

回到家,她一定会跟着妈妈身后,跟妈妈聊天,虽然妈妈嘴上说:"烦死了,小跟屁虫!"但是,张小莹从妈妈眼神中却读出了幸福的微笑。

父母对子女的要求并不高,"儿行千里母担忧",当我们在外忙碌时,其实家里还有父母一直牵着心。他们虽然不会表示,但真的很希望你坐在他们身边,与他们聊天、谈心,一起交流。

某网站曾经做过一个问卷调查,调查发现,不少中学生不知道父母的年龄及是否有工作,近百分之七八十的学生平均每天与父母说话时间少于30分钟。由此可见,子女与父母的沟通越来越少了,虽然大家会有沟通的意识,但是实际中却很少能做到。

现在,竞争越来越激烈,每个孩子都忙于自己的学业,忙于与朋友相处,久而久之,便忽视了与家人的沟通。而且有些人认为,与父母沟通并不重要,而且那种陪父母聊天是父母老了之后才应该去做的的事。如果有这种想法,你就错了,现在处于青春期阶段的你,可能会遇到很多磨难与内心痛苦,这时与父母沟通更加重要。

而且,父母对我们的要求并不高,他们只是希望我们有空陪他们聊聊天,说说心里话,因为,他们想能以过来人的经验去帮助我们,让我们的人生路能顺利,少遇到点磨难。

在中国传统文化中,有很多关于"孝"的故事在流传,比如《二十四孝》就编录了许多关于"孝道"的故事。

仲由,字子路,春秋时期鲁国人,是孔子的得意弟子,性格直率勇敢,对待父母十分孝顺。

子路早年家穷,自己常常采野菜做饭食充饥,但却从百里之外负米回家侍奉自己双亲。

父母去世后,他做了大官,奉命出使楚国,随从的车马有百乘之数,所带的粮食有万钟之多。

仲由坐在垒叠的锦褥上,吃着丰盛的食物,心里却常常怀念自己的双亲,慨叹说:"即使我想再次吃野菜,再次为父母亲去负米,可再也没有这样的机会了?"

孔子赞扬他说:"你侍奉父母,可说是生时尽力,死后思念啊!"

子路性格勇猛,无所畏惧,但是对于自己的父母,他却认为有无尽的责任需要承担,即使自己生活困苦,他却能够不远百里,去为自己的父母负米而来,对于父母的责任承担,他不仅父母在世的时候尽所能的一份奉养,在父母去世之后,依然能在心中所惦念和尊重,这也是孔子对他进行赞赏与评判的原因。正是这种对孝道坚持,对父母赡养的责任负担,使子路树立起崇高的社会的威望,展现这份难能可贵的品性之后,自己的事业开展也就必然更为顺利。

今日社会中,孝道是我们仍在热烈讨论的一个主题。也许有人认为,现代社会,情形已是不同,已经不需要我们如此竭尽全力去履行自己对父母的责任,面对文化的改变,我们也在面对如何继承这份优良传统的疑惑。但是即使生活如何改变,父母对我们的关爱与付出仍然没有变化,善待他们的付出,尽到我们的责任,给他们以安逸与稳定的环境,这是每位儿女都应当尽到的职责。

因此,要学会与家长沟通,我们可以把课余的时间挤出来一些,陪父母聊聊天,跟父母一起享受一顿晚餐,或者带父母参加同学聚会等。一些在外地的学子,可以利用手机短信和电邮等方式多与父母交流,改善与父母沟通关系。学业重要,学会为儿女更重要。

48

尊老爱幼，用责任去体现你的道德

中国是世界上四大文明古国之一，有五千多年的灿烂文化，尊老爱幼就是其中优良传统之一，是值得我们骄傲和自豪的。生活在这个社会中，肩负着很多责任，尊老爱幼是需要我们用责任去体现的道德。其实，尊老爱幼的例子一直围绕在我们身边，出门坐公交车，上面都设置了老幼专座，很多公共场所都给老人和儿童安置了专门的坐椅等，这些都是我国尊老爱幼传统美德的具体体现。

毛泽东是伟大的新中国的缔造者。

1959 年，毛泽东主席回到了阔别多年的故乡——湖南韶山。在短暂逗留的日子里，他特地请家乡的老人吃饭。席间，他向一位 70 多岁的老人端起酒杯，主动敬酒。那位老人紧张地说："主席敬酒，岂敢岂敢。"毛主席笑笑说："敬老尊贤，应该应该。"

新中国的第一任总理周恩来与妻子邓颖超同志一生都在为共产主义事业而奋斗，没有子女，但是，他们先后抚养了几十个烈士的孤儿，以宝贵的父爱和母爱哺育他们，使他们茁壮成长。

伟人为我们诠释了什么是尊老爱幼，"老"者是我们人生的路标，所以要敬；"幼"者是未来，是希望，是一个民族的明天，所以要爱。

生活在这个世界上的每个人，都有一份社会责任，尊老爱幼就是其中之一，它既是一个人社会责任感的体现，又是做人的基本道德。因此，尊老爱幼不仅仅限于赡养自己的父母，抚育自己的儿女，还应该用心关爱身边所有的老人和儿童。

在公交车上，一个 10 岁左右的孩子上车后，随手拿出一张折叠凳，放在车厢中部的位置坐下。无独有偶，一位老人也自带板凳坐公交。当有人问及原因时，老人无奈地说："现在的年轻人都不爱让座，我又站不了那么长时间。"

老人辛勤劳动了一辈子，他们为社会作出一定的贡献，有着丰富的知识和经验，我们有责任去尊敬；小孩子是祖国的花朵，是时代的希望，美好的明天都要靠他们去开拓和创造，我们有责任去爱护。尊老尊老既是对老人应有的关心与照顾，又是继承前辈"财富"的需要；爱幼既是对弱小的爱护与扶助，又是为了祖国的未来；对他们的尊敬和爱护是我们每个人应该担当的社会责任。

刘磊，1973 年 9 月出生于岳西县来榜镇，服兵役期间是一名长年穿梭在川藏线上的汽车兵。1997 年底，他退伍返乡，谢绝了民政部门为他安排工作的好意，凭着驾驶技术，到外地去打拼。2001 年，积攒一定积蓄的刘磊返回家乡，开始自主创业。

2006 年，毛尖山乡板舍村争取到资金 40 万元建成敬老院。因进院的大多是身有残疾的五保老人，谁都不愿主动来承担服侍老人的工作，只有刘磊愿意做五保老人的"代理儿子"。五保老人老有所养了，刘磊开始关注起村里的留守儿童。第二年，刘磊拿出家中准备盖新房的 3 万元积蓄，建立了毛尖山乡留守儿童服务中心，身兼老师、家长和朋友三重角色，先后为全乡600 余留守儿童免费提供学习辅导、思想教育、生活服务。

这项事业一做就是几年，他为照顾留守儿童和五保老人花费了近 10 多万元积蓄，老人和孩子们都过上了幸福的生活，他自己住的却是村里最破的土砖房。刘磊面对人们不解的目光，说："每个人对社会的奉献有大有小，我做不了惊天动地的大事，现在只是找些力所能及的小事去做，把它们做到认认真真,问心无愧就好了!"

五一期间,第十六届"中国青年五四奖章"评选揭晓,刘磊榜上有名。记者采访刘磊时,他不好意思地说:"我做的事情比较小,获得这么高的荣誉,对我来说是一种鞭策与鼓励;我将更好地为老人、小孩服务,为更多的年轻人做表率。"

刘磊以他自己微薄的肩膀扛起了一项伟大的事业,正如他自己所说,我们可能做不了什么轰轰烈烈的大事,只能做些小事来使人生有意义。事实上,这些所谓的小事,正是人类所要完成的大事呀!"老吾老以及人之老,幼吾幼以及人之幼。"一颗"尊老爱幼"的社会责任心,是人类最大的事业。

让我们从身边小事做起,从我做起,培养自己"尊老爱幼"的责任心吧!

49

遵守校纪校规,做有责任感的好少年

校纪校规是为了维持正常的教学秩序,使我们在德、智、体、美、劳各方面获得健康成长而提出的行为准则和人际交往的基本要求。我们应该主动了解,熟悉学校纪律的内容和基本要求,自觉地用学校的规章制度来约束、规范自己的行为,养成良好的纪律习惯,以遵守纪律的良好行为来维护学校纪律的严肃性。身为一名合格的学生,遵守校纪校规,养成良好习惯,是对我们最基本的要求。

俗语:"没有规矩,不成方圆。"有这样一则寓言,河水认为河岸限制了它的自由,一气之下冲出了河岸,涌上了原野,吞没了房舍和庄稼,给人们带来了灾难,它自己也由于蒸发和大地的吸收而干涸了。看来,一个人必须受到一定的约束,才可以沿着正确的方向成长发展。

伯利恒钢铁公司总裁查理斯·舒瓦普并不是一开始就成功的,最初,公司发展处于瓶颈期时,他向效率专家艾维·利寻求帮助。

艾维·利笑笑说:"我可以在 10 分钟内给你一样东西,这东西能帮助你至少提高 50% 的公司业绩。"说完,艾维·利拿出一张空白纸交给查理斯说:"在这张纸上写下你明天要完成的 6 件事!"

过了一会,艾维·利又说:"现在用数字标明每件事情对于你和你的公司的重要性次序。"

又过了大约 5 分钟的时间,艾维·利接着说:"好,现在请你把这张纸放进口袋里面,便可以走了。"

查理斯·舒瓦普不解地看着艾维·利,不知道对方葫芦里面卖得是什么药。

查理斯出门时,艾维·利嘱咐说:"明天早上第一件事是把纸条拿出来,做第一项。不要看其他的,只看第一项。其余每项都是这样,只着手办一件事,一定要谨记。"

查理斯·舒瓦普想了想,疑惑地问艾维·利:"这样就可以?"

"不不!并非如此,你每一天都要这样做,你对这种方法的价值深信不疑之后,叫你公司的人也这样干。等你解决问题之后,给我寄支票来,你认为值多少就给我多少。"

几个星期之后,舒瓦普给艾维·利寄去一张 2.5 万美元的支票,并说艾维·利提供的方法已经成为公司一条不成文的制度。

5 年之后,这个当年不为人知的小钢铁厂赚得很多金钱,一跃而成为世界上最大的钢铁厂,在重工业方面站稳了脚步。

其实要成就自己并不难,艾维·利开出的那张纸在经过查理斯实践后成了公司的制度,最后成就了一个公司。因此,制度的制定并不是凭空而起

的,它一定经历了反复的实践和摸索,最终才确定了一条切实可行的路。制度有利于公司的发展,当公司扩大经营了,员工也会从中受益。

就像学校制定的校纪校规一样,这些规定的最终受益人还是学生。所以,平时在学习生活中,遵守校纪校规是我们身为学校一分子的责任,但是,现在一些违反校纪校规的现象还是大量存在,比如:上课预备铃响了许久,操场上、校园小径上还有同学在散步、聊天、追打;同学间因鸡毛蒜皮的小事,相互间争吵对骂,直到大打出手;出了校门行为也甚为不检;放学后也能在大街上时不时地看见同学在马路上游荡或一头钻进网吧。最可恶的是:有一些同学对老师善意的批评教育不但不接受,甚至还恶言相向………

学校之所以制定校纪校规,不是为了约束学生,而是为了健全学生的人格,培养学生优良的习惯,这样将来才能有所成就。学校以严格的校纪校规给了我们一个良好的环境,我们要在此基础上,认真学习认真规划自己的学习生活,这样才能发挥最大潜力,实现梦想。

因此,我们要以身作则,严于律己,把遵守学校的各项规章制度作为责任,及时与自己的言行作对比,修正自身的不足,提高自己的思想道德品质,以积极乐观的心态创造自己美好的未来。

50

热爱祖国,维护国家安全,这是每个人的职责

"国家兴亡,匹夫有责。"任何一个人都有自己家,有自己的祖国,家和而万事兴,国和而天下荣。因此,我们每个人都有热爱祖国,维护国家安全的责任,国富则民强。党的十七大指出:"要完善国家安全战略,健全国家安

全体制,高度警惕和坚决防范各种分裂、渗透、颠覆活动,切实维护国家安全。"自古以来,无数有志之士以爱国为己任,恪尽职守,忠于国家,完成着自己对国爱的责任。

爱国则爱家,没有国哪里还有家呢?只有对民族、对国家承担起应尽的责任,才能凝聚起巨大的力量,推动历史的车轮滚滚前进。

1894 年,中日两国军队在朝鲜境内爆发了军事冲突。这年 8 月,日本对清政府宣战,中日战争正式爆发。因 1894 年是农历甲午年,故史称"中日甲午战争"。

9 月中旬,清政府北洋舰队在提督丁汝昌的率领下,护送运输船到中朝边境,补给中国军队。护航任务完成后,舰队开始返航,驶入黄海海域。

9 月 17 日上午,北洋舰队"致远"号管带(舰长)邓世昌正在舱里休息,忽然有人进来向他报告:"一队悬着美国国旗的军舰正全速向我们驶来。"美国军舰?邓世昌听到报告后感到很奇怪,心想:美国军舰怎么开到这儿来了?他马上飞奔到甲板上,用望远镜一看,果然见前面有一队军舰,旗杆上挂的是美国国旗。奇怪的是,这些美国军舰一不打旗语,二不鸣汽笛,竟然就这样横冲直撞地朝他们直冲而来。邓世昌马上下令,要求全舰官兵密切关注这队军舰的动向。

渐渐地,美国舰队离得更近了。负责观察的水手忽然大喊:"邓大人,是日本军舰!"邓世昌定睛一看,只见那些军舰上的美国国旗眨眼间换成了日本的太阳旗。原来是日本军舰冒充美国军舰前来偷袭北洋舰队了。邓世昌正要下令迎战,就听"轰轰"几声巨响,日本军舰已率先开起火来。炮弹落在海面上,激起冲天的水柱。"致远"号随即向日本舰队开火,黄海大战开始了。

北洋舰队刚从朝鲜运兵回来,舰队呈松散的一字形排开。日本舰队则是有备而来,排成了最适宜海战的尖峰形。所以,战斗开始时,北洋舰队处于下风。日本军舰体积小，速度快，绕到了"致远"号后面。只听"轰"的一声，日军的炮弹击中了跟随"致远"号的"超勇"号。顿时，火光冲天，浓烟滚滚，"超勇"号迅速下沉，舰上的将士纷纷跳海逃生。

北洋舰队的旗舰是"定远"号，提督丁汝昌在这艘船上指挥整个舰队战斗。战斗打响不久，一颗炮弹落在"定远"号附近，炮弹爆炸产生的巨大气浪将手持双筒望远镜正在观看海面战局的丁汝昌从驾驶楼震落到了甲板上。丁汝昌手臂受了重伤，信旗被毁。但他却拒绝随从把自己抬入内舱，坚持坐在甲板上督战，以鼓舞士气。尽管战争刚开始时北洋舰队的指挥不够通畅，阵势有些混乱，但是邓世昌仍然沉着果断地指挥"致远"号向敌人发起猛烈的攻击。不远处的"来远"号、"经远"号也积极配合，一次又一次地朝日舰发起冲锋。一颗颗炮弹带着仇恨的火焰飞了过去，一条条火龙在大海上飞舞，一团团烈焰在天空中燃烧。

海战进行至下午时，日本舰队的部分战舰绕到了北洋舰队的背后，对北洋舰队形成了夹击之势。北洋舰队腹背受敌，队形更加混乱了。日本联合舰队司令官伊东亨见"致远"号冲杀在最前面，给自己造成的威胁最大，便命令"吉野"号、"高千穗"号等战舰集中攻击"致远"号。

邓世昌毫不畏惧，指挥全舰官兵沉着应对，奋力抵抗。"轰——"一颗炮弹落在"致远"号的甲板上，把舰体炸了个大洞。邓世昌正要下令把洞堵住时，又一颗炮弹朝"致远"号射来，击中了舰体的左侧，战舰开始倾斜。与此同时，一个炮手跑来报告说："邓大人，船上没有炮弹了……"

此时海战已经进入白热化阶段。日舰"吉野"号见"致远"号炮声越来越少，知道它缺乏弹药，便向它冲了过来，企图一举将"致远"号击沉。怎么办？全舰官兵的目光都集中在邓世昌脸上。

邓世昌看了一眼伤痕累累的战舰，坚决地说："我辈执戈从军，视报效家国为当然之责，早已置生死于度外，今日之事，唯有以死杀敌！"随即，他下令让"致远"号开足马力，朝"吉野"号高速撞去！"吉野"号上的日本军官和士兵见浑身是火的"致远"号竟然不要命地迎面扑来，大惊失色，一面忙着掉转船头逃窜，一面施放鱼雷。"致远"号紧紧咬住"吉野"号，一边灵活地躲避鱼雷，一边飞速朝它撞去。"哗——"又一枚鱼雷划开海浪朝"致远"号射来。"致远"号躲避不及，不幸被击中，包括邓世昌在内的全舰官兵二百五十多人壮烈殉国。

邓世昌落水后，他的爱犬游到了他的身边，咬住他的衣角要救他。但邓世昌誓与军舰共存亡，毅然按住爱犬，与它一同沉没于汹涌的波涛之中……

在"致远"号的感召下，"经远""定远""镇远"等舰拼死与日军苦战。下午约三时半，"镇远"号的大炮两次击中了日本舰队的旗舰"松岛"号，致使"松岛"号发生大爆炸，燃起了大火，船体倾斜，死尸堆积，血流满船。见势不妙，"松岛"号挣扎着退出了战斗。黄海大战结束。北洋舰队在这次海战中遭受了巨大的损失，但也给予日本海军以沉重打击。

海战结束后，光绪皇帝亲自撰写挽联"此日漫挥天下泪，有公足壮海军威"，以悼念恪尽职守、壮烈殉国的海军将领邓世昌。

邓世昌以自己的顽强与执著履行着自己的职责，他宁可牺牲自己，也要为了祖国战斗下去。现在是和平时代，我们不能为祖国而冲锋陷阵，但可以从我做起，从身边的小事做起，来履行自己的职责，拥有热爱祖国的责任感。

一、祖国的利益高于一切。当自己的利益与国家的利益发生冲突时，一定要把国家利益放在第一位，宁可牺牲自己，也要对得起国家。

二、遵守国家的各项规章制度，做一个知法、懂法、守法的好公民。

三、在对外交往中，既要热情好客，又要不卑不亢。不能因为一时利益而做一些损害国家利益，有损国家尊严的事。

有国才有家，爱国更是爱家。

第 四 辑

正 义

　　由仁慈引发的仁慈，称之为正义。正义是一个人良知的体现，它承载着一个人为人处事的原则。拥有正义感的人内心公平、公正且英勇智慧，他们的眼中容不得"沙子"，心中藏不下邪恶，他们以最强悍的内心与邪恶进行着斗争，光辉伟大的形象令人赞叹，受人拥戴。拿起正义之剑，让一切邪恶无所遁形，做一个正义的使者，让公道永驻人间。

第七章　有正义感的人这样想

充满正义感的人,从来无所畏惧,他们在邪恶面前依然能够挺起胸膛,因为他们的背后有着强大的真理作为支持,他们正直、公平,有大仁大义,受到人们的拥护。一个畏缩不前,躲在背后指指点点的人,或者懦弱受人欺负的人,在正义的人面前永远无法抬起头来,因为他们缺少了作为人类最基本的品质。

51

坚信正义之心,必能战胜邪恶

"正义"这两个字是天地之间最好的组合,原意指的是公正、合理而应当做的意思,它是由仁慈而引发的仁慈。现在人们心中对于"正义"的定义指的是人们按一定的道德标准所应当做的事,也指一种道德评价,它含有公正、公道、正直等内涵。

一个人的行为、状态是否正义取决于他的观点、行为及思想是否做到的公正、合理,是否有促进社会的进步,发展或者是否满足了大多数人的共同的利益。在我们生活中,常常会听到、看到一些有失公正或者不利于社会、人民的事情,这时候你是怎么做的呢?

小刘高中毕业后就去了英国留学,业余时间他来到一家餐馆打工,本来学习酒店管理的他想从餐馆学习点东西,结果不但什么都没学到,反而天天受气,一些当地的人常常偷懒把重活、累活都推给他,最令人生气的事是他们以为小刘听不懂英语,与他对话时常常夹杂着一些污言秽语,把小刘称为"中国土佬"。

特别是大厨师,他的级别很高,受到经理的很多优待,所以他也自认为比别人高一等,他常常对小刘说:"小子,去!中国人就应该给我打工!""中国土佬,滚回你们那破地儿去!"对于他的这些话,小刘开始隐忍着,直到有一天,那个大厨师的一个举动把小刘彻底激怒了。

小刘为了激励自己,在更衣室的壁橱中挂了一面小型的中国国旗,每当看到国旗的时候,小刘便会想起中国,想起自己的家。一天,小刘收拾完最后一个碟子后回到更衣室,正在他打开厨柜开始换衣服时,突然发现那面国旗没了。他慌忙四下寻找,最后在大厨师的柜子中找到了,国旗已经被揉得满是皱折,上面用黑色的油性笔写着:"中国土佬,滚蛋!"

这是怎么回事呢?小刘的头脑中迅速回忆着今天发生的事,终于,他想到了,经理让小刘做了几个中国菜,很受欢迎,于是,经理今天说:"干脆我们以后改为中国菜得了!"可能大厨师感到了小刘给他的威胁吧,他为此进行报复。小刘拿出国旗,心疼地抚摸着。

突然,大厨师和餐馆中几个当地人闯了进来,他们用一些乱七八糟的语言污辱着小刘,大厨师指了指小刘的头,然后又指了指自己的裤裆,做了个侮辱性的手势,然后又啪的打扁了小刘的帽子,并把肥厚的手掌重重地压在了他的头上,哈哈大笑起来。这一连串侮辱使小刘的心燃烧起来,他再也忍受不下去了,一拳击中了大厨师的小腹,几个当地人看小刘急了,纷纷扑上来,把小刘围在中间。

这时,经理进来了,看到经理,大厨师马上跑过去,向经理说小刘多么无理。小刘看着经理,摘下胸牌,说:"我只是用我的拳头为了正义而战!"

几天后,正在上课的小刘突然接到了餐馆经理的电话,经理说:"我已经把事情调查清楚了,你做得很好!我代表大厨师向你道歉,向中国道歉!"

小刘以自己的行为维护了祖国的尊严,维护了自己的荣誉。他之所以会冒着危险向大厨师伸出拳头,就是因为在他的心中有一种邪不压正的精神存在着。

对于一些侮辱,有些人视而不见,装聋作哑;有些人事不关己,避而远之;有些人习以为常,放任自流……随着年龄的增长,正义仿佛也在一点点消失,他们怕打击报复,怕受到伤害,因此宁愿躲在混浊中,追求所谓的"明哲保身",也不愿站出来,因此便更加纵容了邪恶。

李超,武警江西总队赣州宁都市中队退伍士兵,2012年1月1日上午10点40分,他乘坐城市2路公交车前往建设路一家酒店帮一个朋友操办婚礼,正当他上车后悠闲地看着左右的乘客时,突然发现一个小偷正在扒窃一位老人的钱包,多年来军营培养下的正义思想,令他想都没想立刻大喝一声:"住手!"他指着小偷说:"你怎么连老人的钱都偷!"

小偷并没有理会李超,他趁乱跳下了正停站的公交车逃跑,李超紧随其后,将其扭住,逼着小偷把扒窃的钱交还失主。这时,小偷的一个同伙拔出一把亮闪闪的匕首,他挥动着匕首乱刺,李超一边躲避,一边赤手空拳与两个歹徒展开搏斗。

李超的后背和前胸被歹徒连刺两刀,倒在血泊中,他忍着剧痛用手机拨打110报警。等警察赶到把李超送到医院时,这位年轻的正义青年因心脏被刺破失血过多抢救无效,献出了年轻的生命。

李超这次与歹徒搏斗并非偶然,像这种事情在他身上已经发生过两次了,这是第三次,当然也是最后一次。

李超的母亲哽咽着说:"我天天为他担惊受怕,劝他别管闲事,可他总是说,你不管,他不管,坏人就会更猖獗,大家都站出来制止,正义就能战胜邪恶。"

俗话说："正能克邪，邪不压正。"一个拥有正义之心的人就拥有了力量，一切邪恶就像是浮游植物一样，如果你任其发展，不去治理，那么它便会很猖獗地生长下去，直到铺满水面令鱼类窒息。有些同学以欺负小同学为乐趣，小同学因为害怕所以不敢告诉家长、老师来保护自己，因此造成了恶性循环，没完没了的受气。假如第一次被欺负的时候就主动站出来，伸张正义，请求老师帮助，那么结果恐怕就会有一个大的转变。

正义是一种力量，拿起你的正义之剑刺向一切邪恶，让他们在你的剑下无所遁形。

52

一切追求真理的就是正义的

正义不是凭主观判断而实施的，而是在尊重真理的基础上建立的。你站在真理的一旁，走到哪儿都是受支持的一方。有真理在手，一切谬误邪恶便不敢靠近，你可以挺起脊梁，向那些蔑视神圣，挑战权威的人挑战，这便是做人的骨气。

王选，原本是一个柔弱的女大学生，原本有着优越的工作环境，但在偶然的机会中，她接触到日本细菌战的受害者，从此，为了替受害者讨回公道，在一群七八十岁的受害者的推举下，执著的走上了对日索赔之路，八年中，多次来往于中日两国，同日本政府打了八年的"嘴仗"。美国历史学家谢尔顿·H.哈里斯，这样评价她说："只要有两个王选这样的中国女人，就可以让日本沉没。"

王选祖籍浙江省义乌县崇山村,1952 年 8 月 6 日出生在上海。1989年,王选以优异成绩获得日本筑波大学教育学硕士学位,之后回到中国。

1995 年,偶然发生的一件事情,从此改变了王选的一生。她从英文报纸上读到这样的新闻:在中国东北的哈尔滨召开了第一届有关 731 细菌部队的国际研讨会。在大会上,两个日本人报告了他们在浙江义乌崇山村调查731 细菌战造成当地鼠疫流行的情况。

看到这些新闻后,王选随即翻阅了更多有关日军细菌战的资料,翻阅后,一切都让王选震惊。王选意识到应该为家乡做些什么事情了,她随后联系到了参加那场会议的日本民间调查团。精通日语又通晓浙江方言的王选,成为日本民间调查团和细菌战受害者之间的沟通桥梁。

从此,王选频繁的来往中日两国之间,在湖南、浙江、江西等地来回徘徊,足迹踏遍了大半个中国,细心地收集日本细菌战的罪证,然后继续调查、诉讼。她这一切的活动,除了少部分是华侨的资助外,其余都是自己自费。为了这场别人看起来根本就不可能成功的官司,她丢掉了自己的工作,花光了自己的积蓄,还要受到各方面的不解和冷眼,甚至连自己的家人也不能理解自己的举动。

有人问她,她本来可以生活得很好,是什么原因让她放弃了优越的工作待遇?难道是为了日本政府那点儿赔偿金?

这些人让王选觉得十分的气愤,更觉得心痛。在国外,没有人会问她这样的问题,她坚持诉讼,为的是维护受害者的尊严,是对遇害者的义务,像细菌战这样超越人类道德伦理底线的罪恶,必须将它调查清楚,还世界一个真相,这是对人类生命尊严的维护,是对整个世界道德的提醒。

王选的事迹感动了一批批的中国人。2002 年,王选入选为"CCTV 感动中国 2002 年年度人物",她感动中国颁奖词中,这样说道:"她用柔弱的肩头担负起历史的使命,她用正义的利剑戳穿弥天的谎言,她用坚毅和执著还原历史的真相。她奔走在一条看不见尽头的诉讼之路上，和她相伴的是一群满身历史创伤的老人。她不仅仅是在为日本细菌战中的中国受害者讨还公道，更是为整个人类赖以生存的大规则寻求支撑的力量，告诉世界该如何面对伤害，面对耻辱，面对谎言，面对罪恶，为人类如何继承和延续历史提供注解。"

王选是正义的，因为她的手中握着一柄名叫"真理"的利剑。在王选看来，每一个人都应该为了追求真理，为了保护这个世界的正义而奋斗。她是这样想的，也是这样做的，这就是为什么她会为了那些和她非亲非故的细菌战受害者们去义务地奔走、呐喊的原因。

正义的人都拥有真理，也敢于说出真理，相信自己，一切谬误与邪恶总会在真理面前败下阵来，最后的胜利者永远是正义。

53

人人平等，每个人都应得到公平对待

正义的另一方面便是公平，我们生活在一个处处充满竞争感的社会中，有些人为了取得竞争的胜利，便不择手段，投机倒把。比如，小商小贩为了增加重量，在蔬菜中洒水，或者在电子秤上做手脚；律师为了代理费而掩盖、歪曲事实，钻法律空子等。这些现象在生活中并不少见，但真正站出来指正的人却很少，他们要么自认吃亏，要么消极避让，从而更加纵容了这些不公平。

最近在网上看到一则新闻，一家高档饭店的门口挂上了"月收入万元以下者禁止入内"的牌子，后面跟帖的人很多，人们都在指责饭店的不公平,但是饭店还是营业照常,并没有关闭,也没有把牌子收回去。当年外国租界挂出"华人与狗不得入内"的牌子的时候,中国人气愤之极,却无能力反抗,但是为什么现在人们有了力量,却无动于衷呢?归根到底就是人们心中的正义感越来越薄弱了。

一个拥有正义感的人是拥有公平之心的,当见到不公平事情的时候,也敢于站出来大声呼吁,深刻指责。人与人之间都是平等的,无论身份地位,还是金钱都不能决定一个人在这个世界上的权利。那种为了生存,而"弱肉强食"的做法,应当受到社会的谴责与制止。

1936年,柏林承接了奥运会的主办权,希特勒得意地宣布消息后,并向全国观众叫嚣要借这次奥运会,展现雅利安人种的优越,他最大的把握便是跳远项目的王牌选手鲁兹·朗。他希望鲁兹·朗在比赛中战胜当时田径赛的最佳黑人选手——美国的杰西·欧文斯。

当时,杰西·欧文斯一共参加了4个项目的角逐:100米、200米、4×100米接力和跳远,德国的报纸上却一直叫嚣:"把黑人逐出奥运会!"因此,希特勒特意亲临赛场观看了跳远的比赛。

杰西·欧文斯的第一个项目便是跳远,轮到杰西·欧文斯上场的时候,鲁兹·朗已经进入了决赛,杰西·欧文斯只需要比他的最好成绩少半米他就可以进入决赛。第一次,他逾越跳板犯规;第二次他为了保险起见从跳板后起跳,结果跳出了从没跳出的坏成绩。最后一次他犹豫了,一再试跑又返回,始终不敢跳那最后一跃。

这时,鲁兹·朗走近了杰西·欧文斯,用生硬的英语介绍着自己,告诉杰西·欧文这一跳成绩并不重要,重要的是取得决赛资格。之后,鲁兹·朗还把去年自己遇到同样问题时解决的方法告诉了杰西·欧文斯。

鲁兹·朗把杰西·欧文斯的毛巾放在了起跳板后的一个地方,说:"从这儿起跳就不会偏差太多了!"杰西·欧文斯依法做了,跳出了打破奥运会纪录的好成绩。几天后的决赛,鲁兹·朗打破了世界纪录,而随后杰西·欧文斯又以微弱的优势取胜。

比赛的全过程都在希特勒的注视下,杰西·欧文斯战胜了东道主鲁兹·朗的一跳不仅让情绪高涨的观众停下了呼喊,而且让一直观看比赛的希特勒脸色发了青。鲁兹·朗拉着杰西·欧文斯跑到观众席前,高举着手大声喊着杰西·欧文斯的名字,本来沉默的观众也反应过来大声助威。杰西·欧文斯本来被当时观众的反应弄得尴尬极了,这一喊让他激动万分,等观众安静下来后,他也学着鲁兹·朗的方法,高喊着:"鲁兹·朗!鲁兹·朗!"引得看台上的观众又是一阵欢呼。

多年之后,杰西·欧文斯回忆柏林奥运会时说:"我这4枚金牌是在鲁兹·朗的帮助下才得到的。"

看完这个故事,我们不得不佩服鲁兹·朗,如果预赛时他不主动帮助杰西·欧文斯,那么可能杰西·欧文斯因为失误而失去决赛资格,这样的情况下,鲁兹·朗不仅能够拿到冠军,还可以证明希特勒"人种优劣"的卑劣言论。但是,鲁兹·朗却大气地帮助自己的对手进入了决赛,以公平的方式堂堂正正地比赛,虽然最后没有胜利,但他的举动已经超过了成绩的高低,他以最完美的方式展现了公正的运动比赛真谛。

"公开、公正、公平"是各种比赛中必须遵守的原则,一个优秀的运动员也一定要在这个原则上展开竞技,才能取得真正的胜利。在我们学习生活中,竞争是最常见的事,但是面临竞争对手时,我们的态度直接决定着我们人生的走向,是高尚还是低劣就从每一次小小的竞争中展现出来。

每个人心中一定要有一杆秤,无论是对待什么样的人,什么样的事,都要不忘公平的原则。别让自己的狭隘心理阻碍了品质的养成,让正义成为自己为人处世的座右铭。

54

正直有着奇迹般的力量

小时候,爸爸妈妈便教育我们做人要正直,什么是正直呢?正直就是做人、做事要正派,要堂堂正正,不畏缩,不退让。正直是一个人立身之本,处世之基。一个人要想成功就必须具备成功和条件,除了有聪明的大脑,勤奋的努力,出色的能力之外,更应该拥有一种力量,那便是正直。正直是正义的一个分枝,它具有一种奇迹般的力量,它能吓退邪恶,踏平道路,助你成为一个大写的"人"字,屹立于世界上。

历史上著名的清官海瑞 20 岁时中了举人,任南平县教官。他为人正直、坦荡,从来不会因为外界原因而改变自己的原则。

一次,延平府的督学官到南平县视察工作,海瑞和另外两名教官前去迎接。按照当时官场上的习惯,下级迎接上级都要跪拜,但是,海瑞见到督学官的时候,只行了抱拳礼。因此,督学官勃然大怒,他训斥着海瑞:"不知礼节枉为读书人。"

海瑞听后,依旧坦然且不卑不亢地说:"依大明律,我为堂堂学官,为人师表,怎能对您行跪拜大礼呢?"这位督学官看到海瑞一副正气凛然的样子,虽然气愤之极,却没有什么办法。

等督学官走后,同为教官的其他人抱怨海瑞惹怒了督学官,会给自己带来麻烦。但海瑞说:"我们是学官,应该为人师表,以身作则,怎么能做那些媚上之举呢?做人要正直,是我们身为学官的准则。"海瑞的一番话,让其他教官羞愧不已。

俗话说："身正不怕影斜，脚正不怕鞋歪。"海瑞虽然得罪了督学官，但他却很坦然，因为只有拥有正直之心的人，才能行得正，走得端。与正直的人接触，你会感觉到他身上的气场，这种气场把一切谬误和邪恶都挡在了外面，赢得了别人的信赖和尊重。"心底无私天地宽"。正直的人从来不会说谎话，做违心的事，他们有一是一，从不畏惧，口是心非。

有一次，浙江总督胡宗宪的儿子路过淳安，住在县里的官驿里，到哪儿都被高看一等的总督儿子，在这里不但没得到奉承，反而受到了像平民一样的待遇。他越想越生气，当看到一桌普通的饭菜更是怒不可遏，向官驿的人大发脾气，掀翻了桌子，甚至把驿吏吊在树上打。

官驿之所以会端上普通饭菜，就是因为海瑞立过规矩：不管是谁来到官驿，一律按普通客人招待，所以驿吏送上了普通的饭菜。海瑞听到消息后也没有客气，他命令差役赶到官驿，把胡宗宪的儿子和他的随从统统抓了起来，带回县衙审讯。

被抓到县衙的胡公子还是一副不服气的样子，他指着海瑞的鼻子大骂。

海瑞却从容地说："总督是个清廉之官，他早已规定各县招待过路官员不得铺张，你难道不知道吗？看你排场阔绰，态度骄横，想必不是胡大人的公子吧？快如实招来，是谁让你来此冒充公子诈骗地方的？"说完，呼左右将胡公子大打一顿。

被打了的胡公子完全没有气焰，只好向海瑞认了错，灰溜溜地离开了。胡公子走后，海瑞马上写了书信，报告总督称有人冒充公子，非法吊打驿吏。因此，胡宗宪明知道他儿子吃了大亏，但海瑞有理有据，无奈之下，只能当做什么都没发生过。

海瑞是中国历史上有名的清官，他一生都在与恶势力作斗争，他说："食君之禄，忠君之事。身为百姓的父母官，就要为百姓出头，不能向恶势权贵低头。正直为人才无愧于母亲的谆谆教导，才对得起自己的良心。"

英语中,正直还有完整的意思。完整在数学中用整数表示,也就是说一个正直的人就是一个整数,他不能被分成几半,无论在什么地方,他都是一个人。他们做不到表里不一,也做到不违背良心。马丁·路德在死前说:"做违背良知的事,是会下地狱的。我坚持自己的原则,即使身死,我也要坚持正义。"

魏兵是一个好强的人,他做每一件事都必须要得第一,有时被人别超过时他便会用不吃不喝来惩罚自己,父母和老师对此很担心,通过不同的方式给他做工作,但是不但没有取得什么效果,反而适得其反。

一次,魏兵班准备选举班长,魏兵很早就想做班长了,但上次以3票差距败给了张盼,他一直很不甘心。这次,他下定决心,无论如何也得成功。于是,魏兵托人从校外买了很多糖果,分发给各个同学以此来拉选票。

选举的前一节课上的体育,魏兵踢完足球,中场休息的时候,无意中听到了同学们的一段谈话。

"你一会儿选谁呀?"

"我选张盼!""我也是,张盼学习好,人品好。"

几个同学都要选张盼,魏兵对此很不高兴,正想走过去与同学辩驳之句,就听到一个同学说:"你们说魏兵还给同学们发糖,把社会上的那一套都搬到学校了,这样的人即使选上了也绝对不是好干部!"

"我觉得也是,魏兵平时就争强好胜的,什么事儿就显他,这要选上班长了,那他不成咱班的皇帝了呀!"另一个同学附和着。

听到这儿,魏兵仿佛一下子清醒了,原来自己给同学们这样的印象呀,论学习自己比张盼要强,但论人品自己的确比张盼要差很多。

第二节课,魏兵在投票纸上写下了两个大字:"张盼"。

正直的人无论走到哪里都会受到人们的赞扬与尊敬,与其争抢着被人推崇,不如从自身做起,从正身做起。生活中,一些人为了成功常常不择手段，修自行车人为了招徕生意在马路上扔铁钉；学生为了完成作业上网查答案或者借同学的来抄；大夫为了收取红包而把患者的病情表述严重化……这些人虽然表面上达到了目的，取得了成功，但总有一天会败露。

正直不仅是一种精神，更是一个人必须拥有的品格，一个顶着正义光环的正直人，是一位天使，他能给社会带来安宁，给人类带来幸福。

55

大仁有大义，人间正道是沧桑

"桃园三结义"的故事家喻户晓，刘备、关羽和张飞结拜为三兄弟，从此出生入死，不分你我。为什么三个不同出身，不同性格的人会彼此相信"不求同年同日生，但求同年同日死"呢？是因为一个"义"字。因为刘备的大仁大义，才赢得了众人的尊重，取得了千秋大业。

"义"字，从古文的字面上解释就是把自己的美味分给别人，也就是说，懂得分享，换位思考，为别人考虑的人便是有"义"之人。有"义"之人必有一颗胸怀天下的心，具有五湖四海皆兄弟的豪迈气概。他们重情重义，"为朋友两肋插刀"，无论对谁都以诚相待，因此人们对他也会以诚相待，以义相款。

荀巨伯是东汉桓帝时的一名贤士，为人重情重义。

一次，他听说千里之外的一位好友得了重病，便匆匆地安排好家事心急如焚地赶往朋友处探视。他晓行夜宿，戴月披星，足足奔波了半个多月，才到达好友居住的城中。进城映入他眼帘的是奇怪的景象：大街上冷冷清清，悄无一人，他找了很长时间，才终于找到了好友的住处。

一进门，荀巨伯看到好友虚弱地躺在床上，面色惨白，正用微弱的声音说着："水！水！……"荀巨伯马上从桌上拿起一只破碗，四处地找水，好一会儿才在厨房的水缸中找到了一点点水。好友喝了几口水后，精神稍微恢复了一点，他一抬眼看到端着碗的荀巨伯，又惊又喜。

荀巨伯向好友说明来因后，让好友好好休息，开始收拾起屋子。好友本就因荀巨伯从千里外的到来而感动不已，现在见他又不顾行程困顿而给自己收拾屋子，感动地掉下泪来，他攒足气力对荀巨伯说："你别收拾了，快离开这里吧！你来时城里没几个人吧，那是因为匈奴马上就要来攻城了，你也快快走吧，晚了就走不了了！"

荀巨伯这才明白城中为什么冷冷清清，听到好友的话后他停下了手里的活，握住好友的手说："那我更不能走啦！你现在躺在床上，身边连个照顾的人都没有！"

"不，不，你快走吧，我是将死的人啦，怎么能连累你呢！你的情我领了，你也不要让我留遗憾，快快走吧！"好友眼含泪花，吃力地把手一挥。

荀巨伯还是执意不肯离开，正当两人说话时，突然听到外面有人高喊："这里有人！"

好友听到声音一下急了，"豁"地站起来："匈奴来了，你快从后门走！快！"说着，因为太着急，剧烈地咳嗽起来。

荀巨伯赶紧把碗递到好友嘴边，好友用手推开，把荀巨伯往外推。突然，门"呼"地一下开了，几个匈奴士兵闯进门来，把大刀架在了两人脖子上。

其中一个士兵看着眼前两个男人，一个面无血色，剧烈地咳嗽，一个躬身送水，镇定自若。士兵推了一把荀巨伯说："全城听闻我大军的威风，都像丧家之犬一样逃了，你们哪来的胆子，竟敢留下！"

荀巨伯从容地说："在下荀巨伯，这是我的好友，他重病在身无法出城，我千里来探，哪能留他独自离开呢？"

好友抢下话说："好汉刀下留情，要杀就杀我吧，我是将死之人，请留我朋友性命！"

士兵摆了摆手，说："放下刀，我等怎能伤害有情有义之人呢！走！"说完，带着众人离开，走之前还向两人拱手致敬。

荀巨伯面对危险不忍独自逃生，好友面对威胁宁可以死为朋友求情，这种友谊足以感天动地。与人之间关系维系的纽带是什么？那便是情。人与人的亲情、友情和爱情，都是在"义"字的基础上建立的。

一个孩子对父母至诚至孝，对朋友至诚至爱，便被人称为"有情有义"。一个重"义"的人，是可以以命相托的人。如果你真的陷入了人生的沼泽，他们会不顾自己生命的危险而向你伸出援助之手；如果你真的跌入了人生的谷底，他们会在默默为你祈祷。

重义之人是可交之人。一个有着大仁大义之心的人，也必将受到别人的爱戴，成就自己的事业。

战国时期，齐国孟尝君有一个门客名叫冯谖，冯谖为孟尝君买"义"的故事流传千古，成为美谈。

一天，冯谖被派到薛城去收债，在向孟尝君辞行时，冯谖问："收完债，您需要买些什么东西吗？"孟尝君顺口答道："先生看我家里缺什么，就买些什么吧！"冯谖拱手称是，赶往薛城。

到达薛城后，冯谖把所有欠孟尝君债但无力偿还的人都召集到一起，核对完账目后，对众人说："孟尝君决定把你们所有人的债务都免去了！"说完，还把所有借条、债券全部烧毁。这些人又惊又喜，当场欢呼不已。

冯谖很快地回来了，一大早便去拜见孟尝君。之前人去收债都会耗费很长时间，这次冯谖的速度令孟尝君疑惑不已，问："把所有债都收齐了吗？"

"是的！"冯谖回答。

"那你给我买什么回来了？"君尝君想起冯谖走时的话，随口问。

冯谖笑笑，说："您说让我看家中缺少什么就买些什么，我见你珍宝满库，富可敌国，只是缺少了一样——'义'，所以这次我给您买了'义'回来。"

"义？"孟尝君更加疑惑了。

于是，冯谖把他如何把百姓召集起来，如何烧毁债券的事儿给孟尝君讲了一遍。孟尝君越听越生气，但因为债券烧了，发脾气也无用，所以只好叹了口气说："就这样吧！"冯谖明白孟尝君不高兴，但并没有解释什么就离开了。

一年后，齐王不再宠信孟尝君，他被赶出国都。孟尝君无奈之下，只好回到自己的封地——薛城。沮丧的孟尝君在车里满心烦闷，就在离城还有一百多里的时候，一阵吵闹声令他不得不打开车帘向外望。只见，道路两旁都是百姓，他们扶老携幼满脸笑容地迎接着孟尝君，顿时孟尝君心里明白了，他回头对同车的冯谖说："先生买的'义'我终于见到了！"

落魄的孟尝君终于领悟到了冯谖所买回的"义"的意思。所有的义都是建立在仁的基础上的，一位具有大仁大义的人，必定受到众人的拥戴。

仁义的君王会受到百姓爱戴，仁义的臣子会受到百姓的支持，与人相处要以"义"为本。"义"是无私，有一颗谅人之心；"义"是无畏，有一种舍己精神；"义"是无求，有一本为人的经。当你与人相处"义"字当头时，你便会发现你的周围拥有了很多朋友，你的大仁大义之心，无私无畏之德，必将助你成为一个强者。

56

由仁慈所引发的行为称为正义

仁义之心是由仁慈而引发的,如果你没有仁慈之心,不会感到不公,更不会生出不平之情,当然就不会站出来实施正义之举。当你看到社会上的暴力、争斗、陷阱、冷漠时,你心中有什么感受?鲁迅看到人们饱受疾病折磨时立志学医,可是当他看到学医并不能救国,中国人的疾病并不在身上而在心里时,他弃医从文,用笔来唤醒中国人的灵魂,来救中国。这些行为都源自他有一颗仁慈之心。

"仁慈"含有两种意思,一种是包容,另一种是帮助。包容别人的过错,包容那些曾经伤害过你的人;帮助别人的困难,而且一定要发自内心。留心观察一下周围的生活吧,你会发现仁慈无处不在。老师把你当作亲生儿女一样疼爱,关心你的衣食住行;陌生人会在你无助的时候向你伸出援助之手;同学会为了给你讲解一道题而放弃自己玩的时间……这一切虽然都是一些小事,只是生活中的一个个小插曲,但没有这些小曲目就不会构成一曲正义的交响乐。

这个故事发生在美国。"六月天,孩子脸。"刚刚还是晴空万里,突然就下起雨来,路上的人有的抱头逃跑,有的一头扎进路边的店铺里躲雨。这时,一个浑身湿淋淋的老妇人步履蹒跚地走进路边的百货商场。导购员瞥了一眼衣着简朴的老妇人,特别是那一双湿淋淋的鞋子简直狼狈不堪,于是理都没理就去招呼其他客人了。

老妇人尴尬地站在那里,这时,一个年轻人走过来,说:"夫人,您需要什么帮助吗？"

"啊！"这一问话让老妇人更尴尬，她勉强笑笑说，"我，我在这儿躲会儿雨就走。谢谢你！"说完，心神不定地看着外面的雨。

也不能总这么站着呀，不买人家的东西只是躲雨，有点太不近情理了，干脆转一下，买个小饰品也是个理由呀！想到这儿，老妇人开始在百货店转起来，正当她在思考买什么时，那个年轻人又走过来了，这次他拿来一把椅子，说："您在这儿休息一下吧，不必勉强买东西的！"

老妇人对年轻人道了谢，坐在椅子上。两个小时后，天放晴了，老妇人站起来，向年轻人要了一张名片，再次道了谢离开了百货店。

年轻人送走老妇人，打扫了地面后，又继续工作了。几个月后，年轻人被经理叫到办公室。原来这家百货商场的总经理接到了一封信，信中要求将这位年轻人派往苏格兰负责一个金额巨大的订单，并让他负责卡耐基家族所属的几个大公司下一季度办公用品的采购。总经理粗略算了一下，这一封信带来的效益相当于他们一年效益的总和。

于是，年轻人接到任务后迅速与写信人取得了联系，原来这封信来自美国亿万富翁卡耐基，而那位躲雨的老妇人正是卡耐基的母亲。

一个内心仁慈的人是适合做大事的人，因为他们永远能从别人达到的地方获得成功的机会。虽然有些时候，仁慈之心并不能明显体会到，但每个小动作可能就是仁慈之举。"扫地不伤蝼蚁命，爱惜飞蛾纱罩灯。"当你以一颗仁慈的心对待万物时，你也从中得到了帮助。

英国的一位作家奥尔德斯·赫胥黎一直致力于如何发挥"人类潜能"，为此，他对各种方法加以研究探索，包括催眠和禅学。在他晚年的一次演讲中，他说："经过多年的实验，我发现最有效地转化生命的方法就是——仁慈一点。"对自己仁慈一点，你便拥有了开阔；对别人仁慈一点，你便拥有了成功。

乔恩夫人是一位孤寡老人，她常常通过慈善机构向那些遭遇不幸的人捐赠财物，因此远近闻名。但是，最近乔恩夫人遇到了一件麻烦事儿，当地一家慈善施乐会听说乔恩太太后，常常上门游说，请乔恩太太把她郊外的一块地捐献出来，盖一所孤儿院。

施乐会已经筹集了很大一笔善款，足以盖一座高标准的孤儿院，可是就是找不到一块合适的土地。他们左思右想，终于想到了乔恩太太，她在郊外有一块不错的土地，环境很好。

乔恩太太听说这件事后，陷入了矛盾中。虽然她很同情慈善机构，但是，那块土地是祖上传下来了，历经了很多艰辛才传到现在，这块地承载着她很多童年美好回忆，对她来说这块地的意义非同一般。而且自己的身体一天不如一天，她的晚年时光就是想在那里度过的。苦恼之后，她决定拒绝施乐会的要求。

下定决心后，乔恩太太走出家门，她要把自己的决定告诉慈善施乐会，并讲出自己的理由，让施乐会彻底打消让她捐出那块土地的想法。

正在乔恩太太穿过马路的时候，因为满脑子想着孤儿院和那片土地的事，她并没有注意到穿梭的车辆，要不是一位好心人拉她一把，她一定会被车撞倒的。

乔恩太太谢过路人后，忐忑未消地来到施乐会，进门后，其乐融融的一幕映入她的眼中：一些义务劳动的人忙进忙出，但是脸上没有一点慌乱，一张张笑脸在太阳的映衬下显得灿烂无比。一位年轻的小姑娘看到乔恩太太后立刻端上一杯热茶，请乔恩太太坐下休息。

看着眼前满面笑容的人，想到刚刚救了自己的好心人，一时间，乔恩太太满心感慨，她突然觉得自己之前那些事根本算不上慈善，她还是一个自私的人，那些捐出来的都是一些零花钱，并没有一件是她忍痛捐出的。而刚刚救她的人，是以最宝贵的生命在救人，眼前这些人把自己最宝贵的时间

捐到了这里。

想到这儿，乔恩太太走进了慈善施乐会办公室，对慈善施乐会的负责人说："我同意捐出那块土地，希望你们早日把孤儿院建成。"

仁慈是一种修养，是正义的前提。一个人的仁慈之心可能最初并不受人关注，但因为仁慈之心而产生的各种连锁行为，一定会助你走向成功。沙伦·萨兹柏曾在她的著作《爱上仁慈》中写道："如果你仁慈：第一，你会拥有一个舒适的睡眠；第二，你受到别人的尊敬；第三，人们都会爱你；第四，当你困难的时候，人们都会主动帮助你。"

因此，仁慈的力量是伟大的，这种力量虽然不能触摸，但却会产生强大的气场，当你同别人竞争时，也许你的仁慈会成为立于不败之林的重要武器。

因为仁慈，才有了正义；因为成义，才有了不屈；因为不屈，才有了成功。

57

一切有利于人民和社会的便是正义的

"公道自在人心"，这个公道到底是什么呢？公道便是从人心底里发出的一种正义感。一个社会学家说："做人最重要的是有一颗公心。"也就是说，一个人活在世上最重要的便是公道心。在人类的发展史上，很多人都以"公道"二字取得了成就，一切有利于人民和社会的行为便是正义的行为，一切为人民和社会的利益而着想的心便是公道心。

做人要讲求"公道"，不能以公为私，假公济私，做人要大气，以公心对人,平心对事,为人处事要掂量轻重,做到"公道"。

祁黄羊是春秋时晋国一位有名的官员,晋平公对他十分信任。

一天,晋平公询问祁黄羊说:"南阳县缺个县令,你看,应该派谁去当比较合适呢?"

祁黄羊毫不迟疑地回答说:"解狐,以解狐的才学去那里最合适,他一定能够胜任并做得很出色!"

晋平公惊奇地问:"解狐?他不是你的仇人吗?你怎么会举荐你的仇人呀?"

"主上,"祁黄羊从容地说,"您刚才的问题不是在问谁能胜任南阳县的县令吗?难道您在问我的仇人是谁吗?"

晋平公听后,哈哈大笑,派解狐到南阳县去上任了。如祁黄羊所说的一样,解狐到任后,用自己的才学把南阳县治理得井井有条,受到当地百姓的称赞。

晋平公见祁黄羊荐人得当,非常高兴,过了一些日子,他又把祁黄羊叫到面前,说:"你举荐的人很不错,现在朝廷里缺少一个法官。你推荐一个可以胜任这个职位的人吧!"

祁黄羊思考了一会儿说:"就让祁午去做吧!"

晋平公听完,不解地问:"祁午不是你的儿子吗?你这样举荐你的儿子,别人会在背地里说闲话的。"

祁黄羊像之前一样镇定地回答说:"主上,您只问我谁可以胜任,以他的才华,完全可以胜任此职,所以我推荐了他;你并没有问我的儿子是谁呀!"

于是,祁午去做了法官,而且不出所料,祁午的果敢、明智受到人们的欢迎和拥戴,晋平公大赞祁黄羊的公道。

"公道"是以公为道,公平地对待身边的每个人,公平地处理发生的所

有事情。为人公道了,便会受到更多的人爱戴,拥有人心。祁黄羊以一颗公道无私的人去推荐着他人,他以才能为标准来推荐可以胜任之人,完全不考虑对方是仇人或者亲人。像这种大公无私之心的人才是真正拥有"公道"之心的人。公道是一种高尚的情操,也是一种为人的大气。

一个人,思考问题时去除私心,一切从人民和社会为基础去思考问题,那他便拥有了一颗公道之心。以一颗公道之心来处事,必然会受到他人的拥戴;以一颗公道之心作为人之标准,必定会以光辉的形象屹立于世界之上。

第八章　有正义感的人这样做

一个拥有正义之心的人，并不是像莽夫一样冲动行事，他们具有大智慧，懂得"君子爱财，取之有道"；明白"小胜凭智，大胜靠德"。他们见到邪恶会勇敢地站出来伸张正义，他们碰到有失公平的事，也会主动主持公道。他们从来不会在强权面前低下高贵的头颅，也不会因为利益而出卖朋友。因为，他们拥有一颗闪着烁烁光芒的正义之心。

58

君子爱财，取之有道

孔子说："君子爱财，取之有道。"对于财，每个人都想要得到，但得到财的过程必须遵守一定的"道"。一个人如果喜欢钱很正常，因为它既是一种货币，又是一种身份地位的象征。而且在生活中，我们不能缺少钱，如果没钱，我们的衣食住行都不能得到保障。因为钱所扮演的重要角色，所以很多人便想各种办法来获得它。

有些人采用偷、骗、抢的方式来得到钱财，虽然这可能是一种最快的致富方法，会让你一夜之间成为百万富翁，但也会让你一夜之间丢失人格，丧失自我。任何狭隘、没有眼光、或者损人利己的致富，都永远成不了真正的富人。

如果想要得到财,那么必须遵守"道"。这个"道"便是一种规则。

一本名为《总裁狮子心》的书中记录了一位名为严长寿的人的成功故事,他可以说是一位升职最快的人,他23岁进入美国运通公司,当时只是给人跑腿,做简单的上门服务等工作,但是,5年后,他便成为了美国运通公司驻中国台湾地区的总经理,而这一切全是靠他一点点一滴滴在每个职位上用心经营得到的。

当严长寿刚进运通公司的时候,公司正好成立旅游部门,当时还是小职员的严长寿得到了这个机会,公司让他负责一些办公用品的采购。一个好朋友偷偷告诉他,有的经销商会从香港进口二手货,整一整、清一清,就卖给中国台湾的公司,所以验收的时候,千万不能掉以轻心。

之后,经过报价、比价之后,严长寿打算跟一家贸易商订货,并且谈妥价格签好了合约。签好合约的第二天,那个贸易商就跑来请严长寿吃饭,并偷偷塞给严长寿一个信封。等贸易商走后,严长寿打开一看,里面大约有相当于他五个月薪水的10000美元。

严长寿看完,连想都没想就把这件事向总经理汇报了,总经理想了想,觉得既然合约已经签了,不能单方违约,所以东西还是要买的,但一定要认真验货。一个月后,贸易商把货送来了,严长寿认真检查后,发现打印机的两个箱子已经被拆封了,另外一台打印机根本就没有包装,直接送到了公司。严长寿进一步检查发现这三台机器都有使用过的痕迹。于是,直接与贸易商取得了联系,要求更换。

但是,贸易商却坚持说是新货,箱子可能是海关验货时拆开了。严长寿并没有听对方的解释,直接让他们抱回去换货。令他没想到的是,三天后,总经理接到贸易商的电话,称负责采购的年轻人故意找茬刁难他们,目的是向他们索要回扣。

贸易商很委屈地向总经理投诉,总经理听完,笑着说:"哦,这件事我知道了,您的 10000 美元在我这里,如果你愿意就把它拿回去,当然,我知道你不想拿回去,那我就把它们作为员工福利的基金了!"

贸易商既然给回扣,那么他一定是想让严长寿验货时睁一眼闭一眼。如果严长寿偷偷收下贸易商的回扣,那么贸易商货物出问题时,他也就没了要求更换的勇气,而且他在美国运通公司的事业也因此而终结。

生活中,即使外界给予你多少不道德获得的机会,你也要坚持自己的原则,不能因小失大,因为钱财而丢到你做人的原则。人格永远比金钱更重要,金钱没了可以再赚,而人格丧失了是任何办法也无法补救了。

一家公司要招一个会计师,招聘帖发出去后,很多人前来应聘。进过层层选拔之后,只有三个人进入了最终面试。这三个人的专业能力不相上下,而且各方面都很相似,连面视官不知道应该怎么抉择了。

总裁观察着应聘情况,这时,他派秘书给面视官送去一张试题,题目是:如何帮公司逃掉 200 万美元的税款,请列出详细方案。

三个应聘者接到试题后陷入了思考中,一会儿后,第一位应聘者已经制定了详细的做假账的方法,并详细地解释给面试官,面试官们面无表情地听着。

第二位应聘者从如何在账本上做手脚的角度出发,制定了完美的方案,面试官们听完后点了点头,什么也没有说,请他们回家等通知。

第三位应聘者低着头走到面试官面前,沉默了一会儿后,问:"你们问这道题的目的是打算以后让我这么做吗?"

面试官点点头。第三位应聘者向面试官鞠了一躬,说:"我退出!"说完,他走出了门口。这时,总裁在门口拦住了应聘者,说:"先生,恭喜您,你被录取了。"

应聘者不解地看着面前这个人。

面试官走出来,解释说:"您是所有应聘者中最讲求原则的人,我们公司需要的就是这种有原则的人,希望您以后在这里工作愉快。"

如果当时应聘者真的给出解决办法的话,他不能说明他有能力,而是证明他的人品存在问题。在现实生活和工作中,常常会遇到国家利益、社会利益和个人利益发生冲突的现象,每当这些时刻,我们一定要把国家、社会利益放在第一位,个人利益要主动让步,不能为了个人利益而做出有损国家、社会的事情。

不损人利己,不见利忘义,办事公道,讲究公德,是拥有正义之心的人必备素质。虽然生活中有着各种各样的诱惑,但是你的为人原则一定要坚持住,不要为了不义之财而丢掉自己做人的根本。

59

小胜凭智,大胜靠德

俗话说:"小胜凭智,大胜靠德。"意思是如果你想获得小胜利的话,可以凭借高智商,小聪明;但是你要取得大胜利,就一定要凭借道德了。"德"是一个人立身之本,是一种隐藏的力量。

平日中有些同学常常会凭借自己的小聪明来提高成绩,比如准备"小抄",考试中抄同学题等,但是真的到了决定命运的中考、高考时,这些投机倒把的小聪明便使不上了,那时后悔自己没有认真学习就已经晚了。所以平时兢兢业业的努力虽然不会马上看到效果,但最终的胜利一定属于他们。

聪明人常常会取得成功,但聪明人往往会犯一个大忌讳——"自作聪明"。你的聪明才智让你在某方面取得了成功,但道德质量却有可能让你跌入失败之谷。人生的道路本就曲曲折折,光靠耍些小聪明是不可能一帆风顺的,俗话说:"狐狸尾巴早晚会露出来的!"。

一个道德高尚的人必定会受到人们的好评,这种好评不是想得到就会拥有的,而是靠有德之人在日常生活中点点积累的。他们不为了功名利禄而丢失道德,不会为了眼前利益而放弃做人的准则。

香港领带大王、金利来集团公司董事局主席曾宪梓先生使"金利来"打入中国内地以来,出师不利,一直不见什么起色。1986年,他为了提高知名度,于是在内地赞助了一场"宪梓杯"足球比赛。当时,一名叫做罗活活的杂志社记者参与这次活动,并负责夜宵安排和纪念品发放工作。

球赛结束后,罗活活把剩余的600元钱和6条领带交还给了组委会。对罗活活来说,这是一件再正常不过的事,但曾宪梓却从中看到了他的品德。曾宪梓通过几天跟罗活活的观察,发现罗活活有着过人的组织能力和干练的工作作风。曾宪梓因此对罗活活赞赏有加,于是邀请罗活活加盟"金利来"。

1987年,罗活活正式进入了金利来(中国)服饰皮具有限公司,就职于总经理一职。短短的两年,罗活活便带领着"金利来"由最初的亏本经营变成了巨额盈利,1995年时,销售额已经突破10亿元。

1995年,国家统计局及中国技术评价中心授予给罗活活"中国经营管理大师"的称号,1997年,罗活活被任命为总公司的经理。

当然,罗活活之所以取得这种惊人的业绩,与罗活活大胆的拼搏精神和独特的经营理念是分不开的,但是,最主要的还是他拥有一颗成大事的心。如果当年他要小聪明把那些剩余的钱物自己留下,他会在没人注意的情况下得到眼前利益,但是,之后所有的事情也不会再发生了,"小胜凭智,大胜靠德。"罗活活的品德得到董事长的信任,才拥有了之后越来越多的机会,最终走向了成功。

美国哈佛大学行为学家皮鲁克斯在《做人之本》一书中说:"做人不是

一个定下几条要求的问题，而是要从自己的根本开始，把自己变成一个以德为本的人，否则你就绝不会赢得别人的信任，更谈不上成功人生，反而会让人生早晚塌方的。"

你可能不聪明，但一定要正直；你可能能力不足，但一定要真诚；你可能不优秀，但一定要拥有正义的人格。这个世界上可能有很多穷困潦倒的人，也可能有很多失败者，但这些人要想取得成功的话，道德品质的武装比聪明的头脑更重要。

60

见义勇为，主动伸张正义

见义勇为是要建立在拥有解决问题的能力之上的，有人落水，你不会游泳而去救是不明智的。见义勇为的人要有一颗仁义之心，仗义执言，生活的方方面面都可以体现这种精神。

令人痛心的"小悦悦事件"给社会以道德冲击，不得不让人们思考人性的问题。视频中，小悦悦被碾压两次，7分钟内，18名路人路过但都视而不见，漠然而去，没有一个人上前施以援手，没有一个人注意到这个幼小的生命正经受着折磨，小悦悦经受碾压后多么痛苦，多么恐怖，看着周围一个个绕道而行的人，她得有多么伤心。直到最后一名拾荒阿姨陈贤妹抱起小悦悦，并找到她的妈妈送到医院，小悦悦才结束了折磨，但是，这时小悦悦已经接近脑死亡了。2011年10月21日，小悦悦经医院全力抢救无效，在0时32分离世。

2011年10月23日下午1时，在广东佛山南海黄岐广佛五金城——小悦悦出事之地，280 名来自佛山各行业的人聚集在一起，以"拒绝冷漠、传递温暖"爱心抱抱团的名义，在悼念小悦悦之际，发出"不做冷漠佛山人"的倡议书。

爱心抱抱团的成员们举着各种倡导拒绝冷漠的牌子，边走边向路人呼吁："拒绝冷漠，传递温暖"，并在"我们宣誓：不做冷漠佛山人"的横幅上纷纷签下了自己的名字。

倡议书号召："拒绝冷漠，传递温暖。如果那一天是你，是我，我们一定要停下自己匆匆的脚步，拉她离开街心；我们一定要伸出各自的援手，将她抱离险境。这是本分，更是底线。"并呼吁"全社会都来向冷漠宣战，都来将温暖传递"。

"小悦悦事件"以沉痛的现实提醒我们，社会主义核心价值体系建设既使命光荣，又任重道远，社会需要树立正气。现在社会上存在太多"事不关己，漠不关心"，"多一事不如少一事"等极其有害的思想观念，对违法犯罪现象采取视而不见，听之任之的态度。岂不知，这种态度是十分有害的。我们今天的放任，可能是为明天种下的苦果。

违法犯罪分子正是利用一些人的惧怕、懦弱心理，大肆进行违法犯罪活动，致使在一些场合，社会正气树不起来。违法犯罪活动猖狂，那些旁观者的表现不仅会使国家和人民的利益受到损害，而且会在客观上纵容和支持了违法犯罪行为，同时，这也是懦夫、自私的表现，应当受到社会舆论的谴责。

青少年要从小培养见义勇为的精神，敢于同各种违法犯罪作斗争的高尚品德。那么，具体地说我们究竟应该怎么做呢？

在新颁布的《北京市中学生日常行为规范》第 40 条中这样规定：中学生要"弘扬正气，对违反社会公德的行为要进行劝阻，发现违法犯罪行为及时报告。遇有侵害敢于斗争，善于斗争，学会自护自救。

因此,青少年要敢于同违法犯罪做斗争,而且要善于同违法犯罪做斗争。"敢"说的是勇敢,有胆量,见义勇为,这是身为一个正气的社会人所具有的优秀品质。当然,对于一些坏人我们要"善"于做斗争,这个"善"说的是机智,双方力量对比悬殊的情况下,不要与歹徒硬拼,而要讲究智斗,尽量减少不必要的伤亡,比较巧妙地或者借助社会力量将不法分子抓获。

当然,见义勇为是一个人优秀的品质,是由心而触发的一种自觉行为,但我们更要知道,与违法犯罪分子斗智斗勇绝不仅限于面对面地与歹徒搏斗。对于青少年来说,年龄较小,身单力薄,在面对违法犯罪分子时,不仅要勇于斗争,更要善于斗争。

61

强权面前,敢于保持本色

面对强权,你会怎么做?我们常常会遇到一些人,他们拥有强大的势力或者权力,于是处处吆五喝六,肆无忌惮,蛮横无理。面对这些人,有些人做了蜗牛,把自己藏在了壳子中;有些人做了兔子,快速地躲开。世界上最不幸、最可怜的人就是丢失自我的人,他们懦弱,没主见,像一根墙头上的小草,随着风摇摇摆摆地躲避。

做人要大气,无论遇到什么样的情况,都不能迷失了自我,畏畏缩缩,更不能掩饰自己,处处装样子,一定要保持本色。我就是我,无论在什么样的情况下,我都是我!

小时候,刘娜很内向,因为她从生下来就很胖,所以她从小就很自卑,只要有人提到"胖"她便会低下头,一言不发。刘娜母亲有三个女儿,刘娜最小，她的两个姐姐长得很苗条，而且脸蛋也漂亮，只有刘娜一个人不仅胖胖的，脸也很大，看起来一点儿也不可爱。因此，母亲也一直不太喜欢刘娜，常常会拿一些宽松的衣服套在刘娜身上，从来不打扮她。

因此，小刘娜从来不和其他的孩子一起做室外活动，甚至不上体育课。她觉得自己和其他人都"不一样"，而且没有人喜欢她这样的人。

高中毕业后的第二年，刘娜嫁给了一个比她大好几岁的人，她的丈夫对她很好，但刘娜却依旧没有多少改变。丈夫对刘娜充满信心，刘娜也尽最大的努力要像他们一样，可是她做不到。丈夫为了使刘娜开朗而做的每一件事情，并没有增加刘娜的自信，反而让她更加地自我保护起来。

刘娜越来越觉得紧张不安，她躲开了所有的朋友，最后甚至听到电话铃响都会吓得浑身发抖。刘娜觉得自己简直什么都做不了，她自卑极了，但又怕丈夫为她担心，所以每次跟着丈夫去公开场合时，她都装作很开心的样子，但几乎每次都不看情形地开心过度，引得众人非议。

刘娜每次想到自己的失误都会难过上好几天，甚至越想越没意思，打算自杀。一天，婆婆谈她怎样教育孩子时，说："不管事情怎么样，我总会要求他们保持本色。""保持本色？"刘娜重复着这句话，突然，她醒悟了，自己之所以那么苦恼，是因为她一直在学着别人来找适合自己的位置，但找来找去，都快把自己丢了。

正是因为婆婆的这一句话，刘娜的生活改变了。她开始保持本色，研究自己的个性，发现自己的优点，穿适合自己的衣服，做适合自己的事。后来，刘娜主动去交朋友，参加社团组织，虽然开始很担心，但勇气就那样一点点积累了起来。

"保持本色"这个词语看似很简单，但做起来却很难。每个人都想变得更好，"邯郸学步"，最终越变越糟，什么都没学会而且把自己也丢掉了。遇到强劲的敌手，便吓得躲藏，那么你便没了出头之日。就像你遇到一只叫得

很凶的狗，你吓得躲藏时，它也许会更凶地向你狂吠，但是你伏下身子，装作捡起小砖头的样子，它便吓得夹着尾巴逃掉。因此，强权面前的镇定自若比逃跑更让人畏惧。

还有些人，他们的确面对强权不逃跑，而是给自己戴上了面具，这是一种典型的自我保护，弱者往往戴上自尊自强的面具，以掩饰他们容易受伤的弱点。一些人故作镇静的样子，更让人能觉得到他的慌乱。不要以为所有的人都在注视着你，当你遇到强权内心慌乱想要戴上面具时，请记住保持本色比掩饰更让人钦佩。

教皇保罗八世之所以到处受欢迎，部分原因是由于他完全不掩饰缺点。他一生都很胖，而且出身于贫苦的农家，但他从不掩饰外貌与出身的缺陷。在他当上教皇后，有一次去拜访罗马的一所大监狱，在祝福那些犯人时，他坦诚地说他这一次到监狱是为了探望他的侄子。很多人认为他是耶稣的化身，因为除了他知道怎样分享别人的快乐之外，另一个原因就是他坦率真诚。

人存活于世间，能以本色天性面世，不费尽心机，特别是面对强权时，不被那些无所谓的人情客套、礼节规矩所约束，能哭能笑，能苦能乐，泰然自在，怡然自得，真实自然，保持自己的个性特点，这就是一种大气，一种超然物外的生活，一种难得的快乐境界！

62

为人要正直，坚守原则不变

一个正直的人，一定要身正，严于律己，坚守自己的原则，以丧失原则为代价而得到的同时，也会因此丢失了正直的人品。金钱和地位人人都喜爱,但是,君子不会以不正当的方式得到,即使贫困,也不会更改自己做人的原则。身为君子,德行比一切都重要。

现在的社会充满了各种诱惑,很多人在这些诱惑面前,丢失了做人的原则,脱离了正道,虽然得到了眼前利益,但已经丢失了人格。

东汉弘农郡华阴县有一位叫杨震的人,字伯起,当时的经学儒士们对杨震推崇备至,称他为"关西孔子"。他出生在一个名门世家中,从小就勤奋好学,曾经拜名儒太常桓郁为师,攻读《尚书》,明经博览,成为闻名天下的大学者。

杨震50岁时,朋友们一再劝说他应该出仕,杨震推脱不过,只好到州里任职。当时的大将军邓骘早就听说华阴县有个叫杨震的,极具贤德,于是把他推举为茂才。杨震先后担任过荆州刺史、东莱太守、涿郡太守等职务,为官以廉能著称,受到百姓拥戴。

杨震入仕之前家境窘迫,他客居异乡二十多年,主要靠教书得来的微薄收入奉养老母。虽然当时他的名声已经传遍了州郡,很多人都想把他收为门下,但是他都一一谢绝了。所以,杨震除了教授学生之外,还借种别人的一块土地,亲自耕耘,维持生计,过着自食其力的生活。

当时的人都很敬重他,杨震为官期间,一些人常常馈赠一些礼品,但杨震每次都会推脱掉。

一次,杨震从荆州调到山东任东莱太守,路经昌邑县时,昌邑县令王密特来参见。王密是杨震在荆州时举荐的茂才,他为了报答杨震的知遇之恩,当天晚上趁夜深人稀,怀揣十斤黄金呈献杨震。

杨震见到黄金后,失望地说:"作为老相识,我比较了解你,你怎么会不了解我呢?"

王密以为杨震与其他官员一样,是假意推辞,便说:"夜里不会有人知道的,请大人放心收下吧。"

"天知、神知、我知、你知,怎能说没有人知道呢?"杨震的言语之间已经十分生气,"快给我收起来!"说完,拂袖而去。

王密只得连连向他道歉,收起金子拜辞而回。

一位为人正直的人,是不会被外界的一切所诱惑的,因为他有自己做人的原则。很多时候,外界很多的诱惑让我们迟疑,动心,越是这种时刻,越要冷静,不要被那些诱惑华丽的外表所迷惑。接受诱惑之后,你会发现,你已经失去了一种最宝贵的品质——正直。

很多时候,有人认为正直的人太傻,那些原则又是什么呢?放着眼前的利益不去抢,反而去守住那空空的"正直",简直是清高。殊不知,能坚守正直的人才能大气地、坦荡地面对任何人,面对这个世界。

身为人,总要坚持一种东西,怎么能像"墙头草"一样,任由风的摆弄?正直是一种节操,更是一种良心底线,需要我们不断地在生活中将它升华。这不是一种自咏自唱的高调,更不能把它作为一种"秀"来给自己的分量加上不实在的砝码。

63

主持公道,公道自在人心

俗话说:"公道自在人心。"在生活中,我们可能会遇到很多不平的事:"老师的孩子就可以拿三好学生吗?""为什么我表现这么优秀,结果第一名给了他?""为什么同样的付出,我却没有得到相应的回报?"……

有些学生觉得老师有失公道,对于学习好的学生百般宠爱,把一切机会都给他们;对于学习差的学生万般嫌弃,不仅把座位安排在后面,上课不提问,甚至不回答他们提出的问题。其实,你的这种想法是错误的,每个老师都有一颗"为人师表"的心,教室有第一排一定会有最后一排,所以他们便费尽心思地去调座位;每个学生都有自己的特点,所以他们因材施教。

任何结论都会有不同的评价,当遇到你认为的这些不公平时,你是怎么对待的呢?是大发雷霆还是忍气吞声?其实这个社会不公平的事太多了,不过,每个人心中都有一杆公平秤,只不过有的人会站出来,有的人会把它埋在心里。

比尔·盖茨在哈佛大学读书时,中途退学创办了微软公司,当他成名后,他恳请哈佛发给他大学毕业文凭,但是哈佛大学拒绝了,理由很简单,校方认为比尔·盖茨没有修完全部课程。一个没有修完学分的学生,根本没有达到毕业水平,当然也不会拿到毕业证书。

这件事公平吗?如果说它公平,那么凭比尔·盖茨在商界的影响力及自身的才华,如果修的话这些课程怎么会不合格呢?如果说它不公平,那么今天把毕业证给比尔·盖茨的话,不仅破坏了校规,而且还为以后学生的管理留下隐患,影响哈佛的声誉。

仔细分析下,哈佛的做法是对的,他们不会因为你是比尔·盖茨就为你"开后门",比尔·盖茨对他们来说并不是什么商界大亨,他只是一个学生而已,一个学生不修完课程怎么能拿到毕业证呢?这是对所有哈佛同学的公道。

哈佛大学一直保持着公道的处理原则,1986 年,哈佛筹办建校 350 周年大庆,学校通过白宫递函,邀请当时的总统里根先生光临主礼。演员出身的里根,借机提出要求:希望哈佛授予他名誉博士。

哈佛召开董事会议研究后认为,总统固然尊贵,但他从不搞过学术研究,不能授予他名誉博士之衔。后来,里根一气之下没有出席哈佛校庆,但是哈佛也没有因此而遗憾。

哈佛对每个学生都是公道的,不会因为你有钱或者有势而违反学校原

则。但是，在我们身边很多人从来不谈公道，在他们眼中"原则"是为那些势单力薄的人制定的，而法律只是一个受人操纵的"泥偶"。公理可以曲解，正义可以贬值，但是"公道自在人心"的古训，是不会被权力左右的。身为祖国未来的我们，应该怎样坚守原则，心中装备公道呢？

首先，要严格要求自己。如果一个人对自己放松要求，就会养成不好的习惯，也不会形成一颗公道心。坏习惯会改变我们的人生航向，会让我们人心偏航，丢失原则。

其次，严格要求他人。我们或多或少会被身边人给影响着，若是想要做一个正直的人，不仅需要注意自己的言行，还要注意他人。要想让别人习惯不影响到我们，我们就要帮助他们改掉坏习惯。

最后，拿起正义之剑。现在社会因为人们的自私心，都把公道留在了茶余饭后，成为讨论话题，却很少有人站起来主持公道，所以，要充实自己的知识，提高自己的能力，在保护好自己的前提下，才能拿起正义之剑，主动站出来主持公道。

64

做朋友重义气，不要唯利是图

什么是朋友？什么样的友情才是真正的友情？朋友是以友情为纽带而系在一起的人，真正的友情不凭借任何外部条件，它跨越了身份、地位、经历、财富、处境等，只是单纯的人格之间的相互确认。"桃园三结义"为大家树立了朋友的榜样，真正的朋友"义"字当先，他们不会因为任何利益而出卖朋友，不会唯利是图而陷朋友于不义。

友情因无所求而深刻,不管彼此是平衡还是不平衡。友情是精神上的寄托,有时他并不需要太多的言语,只需要一份默契。朋友之间没有任何利益交换,当然也不能唯利是图出卖友情。

刘伟是河南人,一个人在杭州做生意,初到杭州时,因为人生地不熟,朋友又少,所以便和培训部、销售部几个年龄相当,且都是单身的同事一起进进出出,除了工作外,有时还一起吃饭,聊天,久而久之大家成了朋友。

但是,令他想不到的是,两个月前,公司新聘一名市场总监,全权负责公司整体营销。以往的总监特别器重刘伟,常常会与刘伟一起探讨市场拓展。但是这位新总监并没有看好刘伟,刘伟受到了冷落,心中一直愤愤不平。

他与培训部和销售部的两个哥们一起喝酒时聊起这件事,并把自己心中的不快表达了出来,为了出气,还大骂了几句。那两个哥们也感觉到了新总监不如原来的总监待人和善,于是,三个人借着酒劲儿,激动地决定要集体辞职,自己做老板。

之后的一段时间中,刘伟一心考察,选择,最后决定代理某品牌的产品,并制定了详细实施方案。于是,他找到另个两个哥们商量,看看下一步怎么实施。但是,出他所料,这两人竟然态度含糊,吞吞吐吐,跟酒桌上的"雄心壮志"大相径庭,这究竟是怎么回事呢?如果那天是酒后戏言的话,清醒后他们也一起讨论过呀,而且自己的行动他们也了解,难道发生了什么事儿吗?

一天,总监找到了刘伟,问:"我们听说你鼓动骨干员工离职自办公司,这件事是真的吗?"

总监的一句话让刘伟瞠目结舌,一时语顿。总监继续说:"你一直表现不错,你这样背叛公司,我觉得很伤心。你等修总公司最后的通知吧!"

之后,刘伟被总公司开除,而且"叛徒"的名号也在业内传开。刘伟只得自己创业，艰难地实施着自己的计划，后来，一个客户告诉了刘伟被开除的真正原因。

原来，当初新总监到来后，刘伟的不配合态度令他觉察到了，并产生了"排挤"之心。当总监听说他与另外两个人关系不错时，就找刘伟的两个"哥们"谈话，谈话中总监同意了两个"哥们"的要求，调整了对培训部和销售部的管理方式，并为他们两人申请了提薪。当总监提出要求了解刘伟的情况时，两个人便出卖了刘伟。

人的一生需要接触很多人，认识和结交朋友是一个艰辛的过程，也许你拿他当朋友，他却在背后为了自身利益捅你一刀呢！一个寻找知己，倾心朋友的人和一个占奸取巧，唯利是图的人就不可能成为朋友；一个讲求公心的人和一个追逐私利的人就不可能成为朋友；一个以感情为重的人和一个光占便宜的人就不可能成为朋友；一个先朋友之忧而忧，后朋友之乐而乐的人和一个处处算计，见利忘义的人就不可能成为朋友；一个做人襟怀坦白，胸怀坦荡的人和一个靠溜须拍马捞取好感，靠花言巧语骗去信任的人就不可能成为朋友。

因此，既然成为朋友，就要讲"义"，古时候以义结友，就会终身奉行，为了朋友可以两肋插刀。那么，什么样的友谊才是正直的友谊，什么样的人才是真正的重情重义之人呢？

朋友，是有困难的时候毫无顾忌地去帮助你的那个人；是你想不开的时候安慰你，劝解你的那个人；是有利益的时候永远想着你、不忘你的那个人；是受提携的时候先推荐你、提拔你；是你为他做点什么事都会想方设法地报答你的那个人；是遇到吃苦受累、饱受痛苦的时候尽量推开你的那个人……

这样的人才是真正的朋友，他们不会不够意思、不会不讲义气；他们不会在背后算计你、陷害你；你出了问题，他们宁可自己受损也会出面为你摆平。这样的朋友才是你值得一生珍惜的人。那些为了一己之私，耍小聪明，唯利是图，出卖友人的人永远不值得你付出友情。

　　一个"义"字，让陌生人结为生死之交，这种以"义"为先的友谊才会天长地久。

第 五 辑
宽 容

　　宽容是生活中最朴实的一种心态，也是为人处事中最有效的一件法宝。宽容的人会善待自己，会拥有一颗快乐的心。宽容并不是被动的认输，也不是软弱，而是一种主动的放弃，不想与他人计较，不想把矛盾激化，不想弄得两败俱伤。"处世让一步为高，退步即进步的根本；待人宽一分是福，利人实是利己的根基。"宽容可以超越一切，它既是一种美德又是一门艺术。

第九章　宽容的人这样想

人世间的许多不幸都源于互相指责和互相攻击，"闲谈勿论人非，静坐常思己过。"一个人如果能经常检讨自己的不足，用一颗宽容的心对待别人，就可以避免很多无谓的争吵，就能以安静祥和的心态为自己、为他人创造出一个幸福和睦的生活环境。因此，宽容不仅是一种美德，更是一种成大业的气量，它促进友谊之花绽放，化解凝聚的仇恨之云，最终积攒满满一瓶的幸福与快乐。

65

宽容是一切事物中最伟大的行为

宽容是一种高贵的品质、崇高的境界，是一种精神的成熟、心灵的丰盈。当一个人拥有了宽容之心时就会充满仁爱，有容天下的情怀才能成就最伟大的事业。

宽容是一种美德，它让人获得一份从容、自信与豁然，没有谁愿意与那些锱铢必较的人相处。如果生活中我们凡事都去斤斤计较，因为一点利益就与人发生矛盾、纷争，甚至大打出手的话，那么只会把事情搞得越来越复杂，徒增烦恼罢了！

那么宽容究竟是什么呢？宽容就是不计较，事情过去了就算了。其实每个人都会出现这样那样的错误,谁都不想被别人抓着小辫子不放,因此,宽容的人懂得换位思考,站在别人的角度分析问题,会出现截然不同的结果。宽容之人还能承受指责与背叛,因为每一次历练都会让你学会坚强。"宁得罪君子,不得罪小人。"是条古训,不必要跟狭隘的人计较,那样你也会变得愚妄。因此,宽容是一切事物中最伟大的行为,拥有了一颗宽容之心便是可成为成事之人。

城市的一条商业街上,有两家相距不远的超市,一个在街北,一个在街南,他们的各项设施条件及商品种类、质量都不相上下,可有一个奇怪的现象,街北的顾客要总是比街南的多好多。

是什么原因呢?久而久之人们才发现,街南的服务员们经常吵架,超市内部的各条纪律非常严格,服务员们整天一片抱怨和咒骂声,顾客到来时,也以一张冷冰冰的面相迎。但街北的服务员正好相反,店中并没有明显悬挂的店规,服务员们一团和气,个个笑容满面,来到店里的客人都能感受到这里的欢声笑语、轻松愉快。

街南的店长看到街北的店中生意兴隆,人们相安无事,心里十分羡慕,但无论如何也找不到秘方,他已经在墙上挂上了"微笑服务",可服务员们的笑一看就不是出自内心。

一天,街南的店长特地来到街北的店中,与一位导购员聊了起来,想找到改善经营的方法:"你们为什么每天都挂着灿烂的笑容呢?"

"这个,"年轻的导购员不假思索地说,"因为我们经常做错事。"

"做错事?"街南的店长陷入了迷惑中,正当他要继续问时,只见一个从外面回来的采购员跑进店门,也许是因为他太着急,或者是台阶刚刚擦过太滑,刚一进门他就"啪"地摔在了地上。这时,正在扫地的服务员立刻跑过来,一边扶他一边道歉:"真对不起,都是我的错。把地拖得太湿,让你摔着了。"

这位年轻的导购员也跑过去，说："不，对不起，都是我的错，你进门时我光顾跟客人说话了，没有提醒你小心点。"

摔倒的采购员一脸不好意思地站起来，笑着说："都这么大了还摔跤，真是对不起，都是我的错，做事总是毛手毛脚的，给大家添了这么大麻烦。"

看着这一幕，街南的经理似乎明白了什么，他迅速跑回店中，把店规摘了下来，街北店之所以兴隆是因为所有人员都拥有一种宽容的美德。

生活中很多人都喜欢指责别人，把指出别人的错误当成一种乐趣，殊不知当你故意指责别人的时候也暴露了自己的缺点。试想一下，假如有一个同学在你面前对别人指指点点，你会想到什么？他是不是也在别人面前对你评头论足呢？俗话说："闲谈莫论人非，静坐常思己过。"一个人如果能对自己要求严格，对别人宽容相待话，他一定是一位高尚的人。

孔子说："君子坦荡荡，小人长戚戚。"一个人必备的品德有很多，比如勇敢、自立、仁爱、坚韧、自信、真诚、乐观，等等，但在众多品德中最伟大的便是宽容。容人之人会受人尊敬、受人推崇、被人追随，"以德抱怨"更是宽容的最高境界。

"砰"森林里一声枪响，一只年幼的羚羊应声倒下，鲜血染红了脚下的土地。羚羊群哀嚎着，在猎人之前，把小羚羊的尸体围了起来，不准猎人接近。

猎人不愿空手而归，他再一次举起了猎枪，就在他欲扳动枪栓的一刹那，一只小羚羊偷偷溜到他背后，用羊角戳了他的大腿，猎人手一哆嗦，枪掉到了地上。

不等猎人弯身，小羚羊叼着枪又跑回了羊群，这下，羊群胆子大了起来，它们怒睁着眼睛，团团包围了猎人。

为首的老羚羊，愤怒地朝猎人质问道："你这个丧尽天良的家伙，我们又没惹你，你为什么枪杀我们？今天，你休想活着走出这片森林。"

猎人被这突然出现的情况吓傻了，他跪了下来："求求你们，饶我一条命吧。"

"饶你?那谁来赔我们小羚羊的一条命?"老羚羊一跺脚,众羊一拥而上,纷纷用角抵着猎人的身子。猎人又痛又怕,吓得昏死了过去。

等猎人醒过来时,他见自己正躺在床上,老婆和儿子正围着他大哭,"我死了么?这里是不是地狱?"

"父亲,你没死,你只是昏迷了一整天。"猎人的儿子说道。

猎人一翻身,坐在了床上心有余悸地说:"我分明记得我快要死了。好多羊都围着我,想用羊角挑开我的肚皮,想要杀掉我。"

"是的,就在它们要杀你时,那只被你打死了的小羚羊的母亲出面阻止了它们。说如此冤冤相报,对双方都没有好处。再说小羚羊已死,它们即使杀了你,也不能把小羊救活。还不如放了你,给你一条生路。如果你还有人性,或许能因此放下猎枪,那样对它们羚羊群也是一件好事。"猎人妻子说。

"你怎么知道是这样的?"猎人问妻子。

妻子回答道:"天快黑了,还不见你下山,我和儿子担心你会出事,便到山脚下等你,刚好碰上母羚羊驮着你下山,它把一切都告诉了我。"

听完妻子的话后,猎人低下了头,他突然觉得自己罪孽深重。同样是父母,他想如果自己的儿子在森林里遭到了不幸,他会毫不犹豫地把子弹射向羚羊群的。相比之下,他还不如那只母羚羊。

在日常生活中,难免会有一些人、一些事让你气愤,让你仇恨,如果你对此也耿耿于怀的话,那便会把自己陷入困境中,"拿别人的错误来惩罚自己"的人是天下最傻的人。冤冤相报何时了呢?不如让怨气一笑而过,以德抱怨比针锋相对更有效。

"紫罗兰把它的香气留在那踩扁了它的脚踝上,这就是宽容。"拥有宽容之心人便拥有了大海般的情怀,拥有了一切事物中最伟大的行为。

66

大气量的人，成就大事业

俗话说:"宰相肚里能撑船,将军额前能跑马。"这句话是在说人一定要有气量,拥有气量的人才能成就大事业。有些人的脾气就像是爆竹一样,点火就着;有些人一遇到事就急得不知所措;有些人受到冤枉就暴跳如雷……这些人都是没有气量的人,他们的喜怒哀乐都写在脸上。

什么是气量呢?就是要大气,能容人容事;襟怀博大、度量如海;对人之过,不记于心;用一个词来说便是"宽容"。大气量的人必是宽容之人,他们胸襟宽广,能把别人的非议装进心中,"有则改之,无则加勉";他们懂得"良药苦口利于病,忠言逆耳利于行";他们也明白原谅别人的过错就是成全自己。因此,最终有气量的人抵挡所有挫折取得了成功。

一年,华盛顿率部驻防在亚历山大市,当时正值弗吉尼亚州会议选举议员,华盛顿当选议员的呼声一浪高过一浪,但有一个名叫威廉·佩恩的人一直很反对。

有一次,华盛顿就选举问题和佩恩展开了一场激烈的争论,其间因为争论太激烈,华盛顿失口说了几句侮辱性的话,身材矮小、脾气暴躁的佩恩当然也不会就那么算了,他怒不可遏,挥起手中的山核桃木手杖把华盛顿打倒在地。

争论结束后,华盛顿的部下听说这件事,觉得不能就这么算了,一定要整治一下佩恩来为华盛顿报仇。但是,华盛顿却说是自己失口在先,怨不得佩恩,然后又说了很多极力阻止了大家。

第二天，华盛顿托人带给佩恩一张便条，约他到当地一家酒店会面。佩恩接到便条后，以为这次会面华盛顿一定会要求他道歉，他当然不会道歉了，于是做好了决斗的准备。

佩恩士气高昂地来到酒店，腰间准备了手枪。但是，他进门后并没有看到他想象中举枪相对的一幕，而是看到华盛顿端着酒杯笑容可掬的样子。

华盛顿见佩恩来了，赶快伸出双臂，说："佩恩先生，您今天能来我真是太高兴了，昨天我犯了过错，您已经采取了行动，如果您觉得您的面子已经挽回了，那就握住我的手吧，让我们做个朋友。"

佩恩看到华盛顿一脸的真诚，笑着说："人人都有犯错的时候，我昨天也冲动了！"说完，伸出手握住了华盛顿的手。这件事就这样皆大欢喜地了结了，而且从那以后佩恩成为了华盛顿的一个热心而坚定的支持者。

华盛顿用自己的豁达与大度征服了对手，避免了一场悲剧的发生。一个伟大的人一定要具有这种宽容的胸怀，才能建立丰功伟绩，获得人们的支持与好评。况且，人非圣贤，孰能无过？更何况一些人故意制造一些事端来扰乱你的思维呢？

无论是别人是有意还是无意，我们都应该对他们宽广一点，包容一点，不要纠结于别人的错误，贪图一时的痛快向别人发泄，那样只能让事情越变越糟，而且我们的内心也会受到折磨而备感痛苦。

大肚子弥勒佛常常以一张笑脸对人，他的佛堂前有一幅对联："大肚能容容天下难容之事，笑口常开笑世间可笑之人。"我们何必为那些"可笑之人"所做的"可笑之事"而自寻烦恼呢？

吕蒙正刚刚入朝为官的时候，朝中的一个官员指着吕蒙正嘲笑他："这种人也配参政吗？一个莽夫而已。"

吕蒙正装作没有听见，目不斜视地走过去，看都没看那个官员。吕蒙正的好朋友为他鸣不平，于是跑到吕蒙正那里说："你想不想知道那个官员的

名字?我已经查清楚了。"

"不!"吕蒙正迅速阻止了朋友,说,"我不想知道,如果一知道他的姓名,我这一生就会永远记着了,那一定是件很痛苦的事。还不如不知道呢!"

后来,人们听说这件事后,都称赞吕蒙正的为人与气量。

正是吕蒙正这种对涉及自己的是非,从不争辩的气量使他成为了一人之下万人之上的宰相。在做宰相没多久,有人揭发蔡州知州张绅贪赃枉法,吕蒙正就把他免了职。

朝中有人向宋太宗进言说:"张绅中十分富足,钱财数不胜数,怎么还能把钱看在眼里贪赃枉法呢?再说吕蒙正当初贫寒的时候,曾经向张绅借过钱,但张绅没有给他,所以今天他利用宰相之权对人家进行报复了!"

宋太宗听了这样的话,询问吕蒙正,但这样的事怎能辩清,吕蒙正对此事什么也没说。于是宋太宗恢复了张绅的官职,过了一段时间后,又有官员得到了张绅贪污受贿的证据,于是张绅又被免了职。

宋太宗召见吕蒙正,说:"张绅果然是贪污受贿的人!"

"是。"吕蒙正回答。

"当时为什么不为自己辩解呢?"宋太宗问。

"事实总会有水落石出的一天。"吕蒙正还是没有为自己辩解。

与吕蒙正一同中举的同窗好友温仲舒,因为犯了案子被贬多年,做宰相手中有用人的大权,吕蒙正当宰相后,怜惜他的才能,就向宋太宗举荐了他。

但是后来温仲舒为了显示自己,竟然常常在宋太宗面前贬低吕蒙正,甚至当吕蒙正触了"龙颜"之时,他还在一旁落井下石。当时,凡是明白的人都瞧不起温仲舒,但吕蒙正并没有表现出来。

有一次,吕蒙正在夸赞温仲舒的才能时,宋太宗说:"你总是夸奖他,可他却常常把你说的一钱不值啊!"

吕蒙正笑了笑说:"陛下把我安置在这个职位上,就是深知我知道怎样欣赏别人的才能,并能让他人当其任。至于别人怎么说我,这哪里是我职权之内所管的事呢?"

宋太宗听后大笑不止,从此更加敬重他的为人。

作为身居高位之人,吕蒙正可谓是一代领导的楷模,他不像一些气量狭小的领导,趁着自己权力在手,而去打压与自己有嫌隙之人,也不会冷遇那些与自己不亲近的人。而是襟怀博大,公正地对待有才能的人,这一点确实值得我们现在的有些领导干部深刻地反思。

我们之所以会生气,是因为一直习惯于一种定向思维,当别人一旦做了不符合自己意愿的事情,便觉得背叛、委屈、难过,从而转变成了火气。换一下思考方式,他不符合我的意愿,但遵循了他的想法呀,哪怕他背叛或者伤害了我们,那也是他在按照自己的思维而办事。

宽容他人的错误,学做大气的人,一个成就大事的人必定能容能忍,大丈夫能屈能伸才能顶天立地。

67

宽容的人总以大局为重

当我们想要跳得更高时,必定要先屈膝来蓄势,膝盖弯曲的程度直接决定了我们跳得高度。在不利形势之下不得已的权宜之计的确让人佩服,但如果处于优势地位时的诚意让步更是难能可贵。

这是一种高瞻远瞩的处事态度,是一种顾大局识大体的行为方式,能做到这一点的人,必是拥有发展眼光及宽容之心的人。社会发展到今天,小到个人大到民族,哪里都需要以大局为重的人,因为只有他们才能令整体与局部相辅相成,创造更辉煌的未来。

在安徽省桐城市的西南一隅,有一条全长约180米、宽2米的巷道,当地人称之为"六尺巷",这个小巷子的由来与清朝名臣张英有关。

清朝名臣张英被桐城人称为"老宰相",曾经就任礼部侍郎、兵部侍郎、工部尚书、翰林院掌院学士、文华殿大学士、礼部尚书等职,名声显赫。

当年,张英家和一户姓吴的人家毗邻而居,房屋之间有块空地与吴家发生争议,张家的人就送信给张英,让他出面干预。张英看罢来信,只写了个打油诗,诗上说:"一纸书来只为墙,让他三尺又何妨。长城万里今犹在,不见当年秦始皇。"

家人读完书信后,明白张英的意思,于是就撤出了三尺的地方。吴家人见张家让出地方,觉得特别羞愧,也让出了三尺,就这样,张吴两家之间就形成了六尺宽的巷道,形成了后人所称的"六尺巷"。

张英只用简单的四句诗就化解的一场大矛盾,这种退让不只是谦逊礼让,也是一个人与人宽容忍让,以大局为重的表现。如果两家互不退让,或者张英出面干涉的话,必定会引起一场轩然大波的。这件事虽然不至于当时影响他的前途,但从长远来看,未尝不是个祸患。身居官场的张英明白,伴君如伴虎,官场中处处都是陷阱,步步都得小心,可以说是每天都如临深渊,如履薄冰,稍微有个不留神,便可能遭遇灭顶之灾。因此,张英从大局着想,选择了最上策——忍让。这"退让三尺又何妨",不仅解决了邻里的纷争,又化解了无形的隐患,可以说是一举两得。

不是说所有宽容都是退步,有时退就是进,退一步才会更广阔。我们在生活中,如果想要展现自己,可能就要承受住周围那些不赞许的目光,当你受到别人嘲笑或者指责的时候,坚持真理并不够,还要表现出你的风度和内涵,让人折服,这样才能得到更多的人认可,将来才会更顺利。

十六国时期，前秦苻坚手下的重臣王猛率大军前去与前燕作战。开战前，手下的将军徐成违背了军令，王猛决定依法当斩。

因为，徐成是邓羌的老部下，邓羌听说过心疼不已，所以出面说情，希望王猛看在他的面子上能饶过徐成，但王猛断然拒绝了。邓羌一气之下与王猛反目为仇，打算兴兵谋反。

王猛听说这件事，便问邓羌："你什么要谋反呢？"

邓羌理直气壮地说："你我一起出来与前燕作战，有人在内部自相残杀，所以我要除掉这个奸贼。"

王猛明白邓羌所说的"奸贼"正是自己，考虑到大敌当前，便以大局为重，不仅容忍了邓羌这种犯上作乱的行为，还同意赦免了徐成。之后，他为了团结邓羌，故意恭维邓羌说："我根本没有想要杀掉徐成呀，只是想试试将军对自己的部下如何，看将军如此讲义气，那么对国家也是如此吧，所以我们就不用怕前燕了！"邓羌听了王猛的话，非常高兴。

后来，战争进行到白热化的阶段，王猛要调邓羌的军队前去应敌，可是，在这种关键时刻，邓羌却提出了条件："如果打败燕军后，请力保我出任司隶校尉。"

在大敌当前的关口提出这种条件，简直无理之极，王猛便说："将军提出的这种事，不是我一人能决定得了的。"

邓羌听后很不舒服，他拉着自己一派的人马按兵不动，要挟王猛。王猛无奈之下，再次容忍了邓羌，他亲自向邓羌赔礼道歉，而且答应了他的无理要求。这样，邓羌才率军出战，一举歼灭了前燕的军队。

邓羌几次三番地乘人之危，要挟王猛，简直是可恶之极，但王猛每次都以大局为重，宽容地忍让过去。假如王猛只是就事论事，一怒之下杀了邓羌，虽然没有什么错误，但是也许就会造成战前失控的悲剧，甚至被前燕打败。因此，他便以全局利弊短长的角度来考虑，对邓羌"姑且容忍"了，这简

直是最高明的做法。在大敌当前的时刻，王猛维护了自己内部的团结、统一，才顺利地完成了彻底消灭前燕，完成大业。

"小不忍则乱大谋"，一个人要大气，要有容人之量，更要有发展的眼光，顾全大局，不能因为一时痛快而把前方的道路封死。

68

宽容比责罚更有用

纵观世界，凡是能够成大事的人必定目光长远，胸怀宽广，他们能够博采众家之长，补一己之短，最重要的是他们有着容人的英雄气概。面对背叛，他们相信宽容比责罚更有用。试想一下，当我们发现朋友的背叛后，当面指出并加以报复，从此多一个敌人呢？还是以德报怨，让朋友觉察到错误后更加地珍惜这份友谊呢？

当然，你会选择后者。"多个朋友多条路，多个敌人多堵墙"的道理谁都明白，你的责罚就是把朋友推到了敌人的位置上，他不但不自责、惭愧，反而会对你怀恨在心。假如你以宽容之心容纳了他的过失，他便会紧紧跟随在你的身边，一个懂得以宽容处事的人具有无形的领导魅力。

有一年非洲某国闹饥荒，商店里的食品顿时紧张起来，即使有钱，人们也不容易买到粮食了。一天，国际红十字会从外地调来一车玉米，指定用来拯救那些老弱病残的人们，并任命酋长担任这次分配任务。

酋长接到任务后，大清早便背着玉米，挨家挨户地向人们分发起来。酋长来到一个叫山姆纳的年轻人家里时，山姆纳已经生病很久了，正躺在床上呻吟。

酋长从口袋里捧出一些玉米粒,放在山姆纳面前,山姆纳见到玉米后感激地说:"谢谢酋长大人,我现在很需要这些食物,但是,我现在很渴,您能帮我找点水来吗?"

酋长点点头,拿起放在一旁凳子上的水桶,出了门。山姆纳家离河很远,所以酋长出去了很久才提回满满一桶水来。但是,一进门他惊呆了,山姆纳已经睡着了,但是放在他家的那袋玉米不见了!

这袋玉米可是救人的粮食呀,酋长万分着急起来,使劲地摇醒山姆纳:"山姆纳,山姆纳,你快醒醒。"

"吵什么吵!谁把我吵醒的?"山姆纳生气地睁开眼,看了一下酋长,仿佛忘掉了刚刚让酋长帮他找水的事儿,问,"您怎么来了?"

酋长着急地说:"山姆纳,你快清醒一下,刚刚我不是给你送玉米,你让我帮你找水吗?我放在你家的那袋玉米到哪儿去了?"

"说什么呢?什么玉米?我这里怎么可能有玉米,我都饿得四肢无力,病倒在床上了,哪能有玉米!"山姆纳说着,故意呻吟了一声,软软地躺下来。

"山姆纳!"酋长冷静了一下说,"我很了解,你本就生活很困难,现在又有了腿伤,不能像别人一样再出去找食物。但是,你想想,除了你之外,还有好多人也断了粮,他们也一样病倒了,每天嚼着树叶,喝着凉水,已经快活不下去了!"

山姆纳看似心不在焉地听着,眼神有些躲闪,说:"我……我……我真没见过什么玉米,你……你不是看到我在睡觉吗?"

"山姆纳,你再好好想想吧,我大清早来给你送玉米,走了那么远的路帮你提回了一桶水,你也帮帮我,想想我走后有谁来过你家没?"酋长好声好气地劝说着,"当然,无论你做了什么,我都不会责怪你,现在是非常时期,我理解大家的不容易。"

山姆纳闭上了眼睛,没有说话,他思考了一会儿终于说:"对不起,对不起酋长,我趁你去提水时把那袋玉米拖到了床底下,实在对不起!"说完,他艰难地揭开床单,床下正躺着那袋玉米。

酋长笑了笑,向山姆纳告别继续送玉米去了。其实,酋长在进门放下水桶时,就已经发现了,因为在从凳子到床之间的地上,撒着几粒玉米。他可以当场提出来,然后指责山姆纳的,但是,他知道在这困难时期,山姆纳这样做,也是不得已,所以,并没有揭穿山姆纳的谎言。

酋长照顾了山姆纳的自尊,而用真诚地劝诫,让山姆纳承认了错误,并主动交出了玉米,这便是一种宽容,这种宽容比当场指责更容易让人认识到错误。一位名人曾经说:"憎恨别人就像为了逮住一只耗子而不惜烧毁你自己的房子。"

《水浒传》中一百零八将个个本领非凡,为什么要奉宋江为大哥呢?论武他比不上大刀关胜、小李广花荣,论文他比不上智多星吴用、军师公孙胜,为什么那么多人会心甘情愿地听宋江的调遣呢?因为宋江的容人之量让他们折服,这是宋江的个人精神魅力,也是他能统领各路好汉领导力。

如果你有一颗宽容之心,便会装得下天下,遇到事情时也会想到更好的解决办法。

从前,一个寺院里面有一个很调皮的小和尚,他特别喜欢趁着夜色翻出寺院到外面去玩。但是,他的个子比较矮,所以在他每次翻墙的时候都在墙边放一架梯子。

这天晚上,住持用过斋饭之后,闲来无事就独自在寺院里散起步来。当他走到寺院南边的高墙时,发现一架梯子斜着靠在墙上,他马上想到这是有人趁着夜色跑出去了。住持没有声张,而是把梯子搬开,靠在梯子上默不作声地等着跳墙的人归来。

大约三更天,那个外出游玩的小和尚才探头探脑地在墙头悄悄地伸出了头,他四处观望了一下,然后慢慢地翻过墙来。他本来用脚找梯子踩上去,却没想到踩到了一个软软的东西上,吓得小和尚一脚踩空跌了下来。

原来,他踩到的不是梯子,而是正在一旁守候的住持。小和尚低着头,也不敢从地上爬起来,战战兢兢地等待住持发落。他想,这次完了,住持一定会狠狠地骂他一顿,也许还会按照庙规被打一顿呢!

但是,他没想到却听到了住持的笑声,住持心平气和地说:"快起来吧,外面晚上太危险了,我在这儿只是想确定一下你是不是安全回来,现在你回来了,我也就放心了。"说完,住持起身走了。

小和尚羞愧地站起来,回到自己房间,仔细回想刚刚住持的话,他十分感谢住持没有责罚,并认真地反省了自己。从此后,小和尚收住了自己的心,暗暗的努力修炼,再也没有偷偷地翻过一次墙。

多年之后,这位调皮的小和尚成了一位颇有造诣的高僧。

这个故事告诉我们:其实有些时候最有力度的不是责罚,而是宽容。人难免犯错误,如果做错的人知错,即使不责罚他也会改正;当然如果不知错的话,即使责罚也不会取得效果。谁会喜欢一个只行暴力不讲求方法的人呢?

想想什么样的老师你会喜欢,他们常常会宽容地对待犯错的同学,给予他改正错误的机会;想想每个孩子都想要的家长是什么样子呢?是那些常常会包容犯错误的孩子,引导他走上正途。因此,一个懂得宽容别人,才会得到别人的拥戴,提升自己的领导力。

宽恕别人也是一种勉励、启迪,它能催人弃恶从善,使歧路人走入正途。

69

宽容的人总有许多朋友

宽容是丝丝春雨，能融化顽固的冰层，敲醒沉睡的爱心；宽容是萧萧的秋风，能吹散自卑的阴云，唤回迷失的良知；宽容无需夸张的装饰，也无需漂亮的言辞，有时即便是一个微笑，一声问候就足够了，犹如小溪潺潺流过心间，犹如彗星悄悄划破星空。

宽容会让对手变成朋友，是友谊的奠基石。如果我们对身边的每个人都充满了一颗仇恨之心，以挑剔的眼神看待周围事物的话，那么我们就不会欣赏到友谊之花的美丽。

李文娟是一家公司的设计员，不过，她对自己的工作特别不满意，在她眼里，其他同事都工作得很轻松，只有自己怀才不遇，做了最辛苦的工作却得不到相应的报酬。在公司当中，有一个与她一同进公司的叫刘雯的人，更是令她反感，甚至恨之入骨。

因为，她们两人是一同进公司的，无论考核还是才能都不相上下，但是，李文娟却发现，即使自己有多好的创意和多独到的见解，她都得不到领导的赏识，相反，刘雯随便提一个建议，就能让领导采纳。

所以，李文娟认为是刘雯影响了自己在公司的发展，把刘雯视为眼中钉肉中刺，每次只要一见刘雯，她就气不打一处来。

一天，刘雯的一个见解又得到了领导的赞赏，李文娟终于忍无可忍了，她怒气冲冲地跑到刘雯面前说："都是因为你，为什么你总是这么打压我。要不是因为你，我肯定会得到领导的重视，步步高升。可是就是因为你，我才没有施展才华的机会。"

面对李文娟突如其来的攻击,刘雯显得有些不知所措。但是她强忍住心中的怒火,心平气和地说:"我不知道你为什么这么说,我扪心自问,从没有做过任何对不起你的事呀。如果我真的有什么地方做错了,请你说出来,我向你道歉。"

李文娟本来已经打算好与刘雯打个你死我活了,像这种无理取闹的挑衅,换谁都会勃然大怒的。刘雯的诚恳态度,的确出乎李文娟的意料,让她也不知所措起来,不知道接下来该怎么收场。

其他的同事看在眼里,都劝李文娟别生气了,有的人甚至还批评她的无礼。

让李文娟更为感动的事,在自己被众人指责成为众矢之的的时候,刘雯并没有落井下石,而是对其他的同事解释说:"没有关系的,是李文娟最近的压力太大了,有些事情是我做得不够到位,不能全怪她。"

这下,刘雯不仅把李文娟的怒火被给彻底熄灭了,还赢得了其他同事的赞叹。李文娟对刘雯产生了莫名的钦佩,用感激的眼神看了刘雯一眼,从此她摆正自己的心态,与刘雯冰释前嫌成为好朋友,二人被公司誉为"黄金搭档"。

自古以来,"君子之交淡若水,小人之交甘若醴。君子淡以亲,小人甘以绝。"真正的友谊是可以经受住考验的,朋友之间不会计较得失,会彼此付出。当然,有些时候,哪怕是对手,只要拥有了宽容之心,也会成为朋友。

蔺相如,战国时期赵国的大臣。他在两次出使中,以聪明机智的应对保全赵国的尊严,受到赵惠文王的器重,拜他为上卿。

赵国大将廉颇对蔺相如被封为上卿一直心怀不满,他认为自己作为赵国的大将,一直出生入死,攻城略地,扩大疆土,没有功劳也有苦劳呀!怎么比他地位低下许多的蔺相如就凭着要要嘴皮子就身居高位了呢? 对此,廉颇气愤不已,他下定决心,一定要给蔺相如点颜色看看。

廉颇的这种想法被蔺相如的门客知道,迅速通报了蔺相如,但蔺相如只是微微一笑,说:"我知道了。"从那天开始,蔺相如为了不使廉颇在临朝时位列自己之下,所以总称病不上朝。

一天,蔺相如带着门客坐车出门,远远看见廉颇的车马迎面而来。蔺相如立即下令退到小巷里去,让廉颇的车马先过去。这件事引起了蔺相如门客的不满,大家纷纷说:"难道您怕他吗?不上朝已经让着他了,现在又让了马车!"

蔺相如对门客们解释说:"面对强大的秦王,我都敢当廷呵叱,羞辱他的群臣,我还会怕廉颇吗?秦国之所以不敢来侵犯赵国,就是因为有我和廉将军。如果我们两人不和,秦国知道了,就会趁机来侵犯赵国,因此,我还不如忍让点儿呢!"

蔺相如的话传到了廉颇的耳朵里,他为自己的想法和做到感到惭愧不已,于是赤裸着上身,背着荆条,到蔺相如的家里去请罪。蔺相如见到廉颇,连忙扶起他,说:"我们同为赵国的大臣。将军能体谅我,我已经万分感激了,怎么还来给我赔礼呢。"这便是历史上著名的"负荆请罪"的故事。

从此那以后,廉颇与蔺相如,一文一武结为刎颈之交,生死与共。

在生活中,我们难免与他人发生摩擦,如果这时你不让我,我不让你,会使矛盾进一步激化,后果将不堪设想。这种"让"不是懦弱,而一种品格,当他人伤害自己时,我们不妨包容一下,或许它能帮我们解决矛盾,化干戈为玉帛。

罗兰曾说过"宽恕可以交友。"如果有人不理解你,不妨以一颗宽容之心去包容,哪怕是千年寒冰也会体会到你的真诚;如果你们是朋友,那更应该包容朋友的所有过失和错误,朋友之间计较太多,友谊便会变薄了。

一个人,能以豁达光明的心地去宽容别人的错误时,身边的朋友自然也就变多了,因为大家会被你的人格所吸引,与你做朋友会觉得踏实、幸福。

70

宽容别人，更是释放自己

我们常常会听到这样的句子："他太过分了，我不会原谅他的！""等着瞧，我绝对不会放过他！""我死都不会饶恕你！"等，仿佛结下了深仇大恨，一定要血债血偿一样。其实仇恨在你心里扎下根时候，也为你种下了一颗"恶"的种子，它在你的心中生根、发芽、成长，最终把你牢牢地束缚起来。

相反，当别人犯下错误时，我们以宽容之心来代替仇恨，原谅别人的过失，这样放过别人的同时，你也放过了自己。生活不可能如水般平静，人生也不可能事事如意，因此，我们没有必要事事记在心里，学会忘却，生活才有阳光，才有欢乐。

东晋的时候有一个很出名的大将，他在战场上神勇无比，而且胸襟宽广，深受好友的爱戴，受到很多有志之士的敬佩，他就是诸衰。

有一次，诸衰去浙江办公事，路过钱塘的时候听说有名的钱塘江大潮就快到了，于是临时决定到钱塘去看看那难得一见的钱塘江大潮。

诸衰来到了钱塘的驿亭，对驿亭的亭吏说自己想在这里过夜。当时钱塘县的县令也带着家眷来看钱塘江潮，恰好就住在那个驿亭里面，县令家人已把整个驿亭住满了，所以根本就不认识诸衰的亭吏把诸衰安排到了一个又脏又臭的牛棚里面。

不久以后，钱塘江大潮开始了，在观潮的时候，县令见到了诸衰。一开始，县令觉得这个人有点眼熟，想了很长时间后，觉得那个人很像大将诸衰，于是就让人把诸衰请过来，问："请问，你是哪位？"

诸衰笑着对县令说："我是河南诸衰。"

县令一听真的是诸衰，随即吓得面如土色，赶紧下跪说："请将军恕我眼拙，没有认出您！"

诸衰马上扶起县令，笑着说："哪里，哪里，不敢讨扰。"

随后，县令听说亭吏把诸衰安排在了牛棚里，下令责打那个亭吏，以处罚他怠慢诸衰将军的过失。但是，诸衰却说："请县令饶过亭吏吧，我在此给他求个情。"

因为诸衰的求情，亭吏免去了一顿责打，县令对诸衰的人品佩服之极。

如果诸衰的胸怀没有那么宽广，而是为了这件事气愤不已，一怒之下就离开了钱塘江，那么，他就不能看到壮观的钱塘江大潮。如果他借此闹事，县令和亭吏都会很为难，大家赏潮的好心情就都被破坏了。因此，看似诸衰的宽恕了县令和亭吏，实际上他也同时释放了自己，给自己留下了一个好心情。

生活中，我们可能会遇到很多不如意的事，这时不妨试着变得更加宽容，凡事看得开一些，这样才能每一天都快乐，这种快乐也可以感染他人，让自己身边的人得到快乐。当你生气的时候，对方可能还不知道，或者正在得意洋洋，你的气愤只能伤了自己，让自己变得不快乐，影响了自己身边的人。有人曾经对我说："不要生气，看看围绕在你身边的小星星。"的确，身边还有很多关心我们的人，为什么要让仇恨填满我们原本幸福的生活呢？

一天，趁小蜜蜂们都外出采花粉时，小熊闯进了小蜜蜂的家，偷吃了一大桶蜂蜜后，又溜回了自己的家。

小蜜蜂们回家后，见辛辛苦苦酿的蜂蜜都被小熊偷吃了，十分气愤，于是聚集在一起，准备一起去找小熊报仇，蜇它一头包。

一位过路的蝴蝶见了全身武装的小蜜蜂，了解原因后便劝说道："你们就原谅小熊一次吧，你们这样去报复他，那么你们也会受到伤害的。"

领头的蜂王听不进蝴蝶的劝阻，气愤地说："不，此仇不报，我们心中的怨气就难消。"

说完，它便带领着千军万马，浩浩荡荡地向小熊树洞出发。

小熊吃完蜂蜜，正在家里甜甜地酣睡着。突然，它听到一阵"嗡嗡"的声音，知道是蜜蜂找它来报仇了，便一骨碌爬起来，拼命逃窜。但它哪儿有蜜蜂快呀，不一会儿便被成千上万只小蜜蜂团团包围住，小蜜蜂们纷纷把身上的毒针朝小熊狠狠刺去。

小熊被蜇得躺在地上，全身被蜇得大大小小的全是包，它又痛又痒，满地打滚。几天后，小熊身上的包终于好了，它走出树洞找东西吃时，听到了一个消息令它吃惊不已。

原来，那天把毒针留在小熊身体里的小蜜蜂们，回去后没多久就全死了。

人的一生，谁都会常常碰到自己利益受到他人有意或无意侵害的事情，但我们要学会管住自己的大脑，控制报复的冲动，说服自己，把仇恨在心里悄悄地化解。因为仇恨他人不如宽容他人，一个人如果存心报复，他所受的伤害将比对方更大。"爱产生爱，恨产生恨"，这句老话是不会错的。

对他人宽容，其实就是为了成全自己的好心情。不肯宽恕他人的错误，只是在不停地折磨自己而已。自己的心情由我们自己掌握，何必要让别人的错误来毁掉我们的好心情呢？所以在你记恨他人，感觉永远不肯原谅他人的时候，请试试用宽容的心态去看吧。

宽恕了他人之后，那段不愉快的经历也会在我们的记忆中渐渐地淡去，慢慢地被遗忘。等你彻底忘记的时候，也就把自己从痛苦中释放了出来。宽容别人，实际上也是在释放我们自己。

71

包容别人的人，总能得到快乐

我们每个人来到这个世界上都不是孤立的，人与人在社会上总是需要相互扶持的，而在实际生活中，我们每个人几乎总有"敌人"，他们爱说大话，爱拍马屁，爱显摆，爱占便宜等，这些都会触到你的道德底线，令你烦恼不堪。还有"敌人"常常有意无意地得罪你，而且你们还发生过矛盾，甚至变成了真的敌人。

对于这些人，你可能保持着一种仇视，说一些令对方不舒服的话，甚至在暗地里搞一些破坏性的小手段，那么你们的"敌对关系"也就正式成立了。但是，你知道吗？打压或者消灭敌人并不是一种智慧，学会包容才是化解矛盾，消除对峙的最好办法。每个人都有自己的性格，我们怎么能改变呢？"当外部环境无法改变时，我们可以改变自己。"如果懂得这个道理，那么你的生活也便轻松、快乐了。

1860年林肯当选为总统之后，决定任命参议员萨蒙·蔡斯为财政部长。但是，当他把这一想法告诉参议员们时，引起了一片反对之声，林肯疑惑地问："萨蒙·蔡斯是一个非常优秀的人，你们为什么反对他成为我们之中的一员呢？"

参议员们纷纷回答是："萨蒙·蔡斯是一个狂妄自大的家伙，他狂热地追求总统职位，一心想入主白宫。而且，私底下里他甚至认为自己要比你伟大得多。"

林肯笑着问道，"哦，那你们还知道有谁认为自己比我要伟大？"

参议员们听完这句话，面面相觑不知道林肯问这句话的意思。林肯笑着解释说："如果你们有人认为他比我还伟大，那一定要告诉我，因为我想把这些人全都收入我的内阁中。"

后来，林肯还是任命萨蒙·蔡斯为了财政部长，蔡斯的确是一个有才能人，上任后不久便取得了骄人的成绩。他在财政预算与宏观调控方面的确很有一套，让人佩服。但是，本就不满林肯，十分崇拜权力的他一直有一个打算：总有一天他一定要入主白宫。

蔡斯的野心十分明显，林肯的很多朋友都劝说林肯免去蔡斯的职务，但林肯笑了笑，表示自己对蔡斯满怀感激之情，是不可能罢免他的。

朋友们很奇怪林肯所说的感激之情是什么意思，于是林肯讲起了一个小故事。

林肯当年和兄弟在肯塔基老家犁玉米地，林肯吆马，兄弟扶犁。那匹马是匹老马，一直特别懒，但是，这天它却在地里飞快地跑着，林肯跟都跟不上了，所以很快一块玉米地便犁完了。林肯一直很疑惑，到了地头，突然发现，马身上叮着一只很大的马蝇，于是顺手把它打落下来。

兄弟本来想拦，结果没拦住，他问林肯："你为什么要打落它？"

"我不忍心看着我们的马这么痛苦地被咬。"林肯如实回答。

兄弟摇了摇头说："唉，你不知道呀，正因为有这只马蝇，这家伙才跑得这么快呀！"

故事讲完后，林肯意味深长地说："现在，蔡斯就像这只马蝇，他的"总统欲"一直在"叮"着我，我会时刻提醒自己不能松懈，要不断地向前跑，努力做好自己的工作。否则，我就会被别人所替代！这也正是我能做好工作的主要原因。"

"世界上最宽阔的是海洋，比海洋还宽阔的是天空，比天空还宽阔的是人的胸襟。"大海因宽容而成就自己的浩瀚，天空因宽容世间万物而辽阔，人的胸襟也应因宽容别人而宽广。对于胸怀宽广的人来说，即使别人多么令人反感，也会去包容他们的所作所为，即使敌人也可以变成朋友，烦恼也能转变成菩提。

欧玛尔，英国历史上唯一留名至今的剑手，他有独属于自己的取胜秘诀。

曾经，有个与欧玛尔势均力敌的敌手，他与欧玛尔斗了三十年，仍然不分胜负。在一次决斗中，那位敌手从马上摔了下来，欧玛尔持剑跳到他身上，一秒钟内就可以杀死他。但此时，对手却做了一件出人意料的事——向欧玛尔的脸上吐了一口唾沫。

欧玛尔停住了，对敌手说："我们明天再打！"

敌手有点糊涂。

欧玛尔说："三十年来我一直在修炼自己，让自己不带一点儿怒气作战，所以我才能常胜不败。刚才你吐我的瞬间我动了怒气，如果此时我杀死你，我就再也找不到胜利的感觉了，所以，我们只能明天重新开始。"

但是，第二天他们并没有展开斗争，因为敌手已经拜欧玛尔为师了。

敌手之所以能够与欧玛尔冰释前嫌，化敌为友，是因为欧玛尔面对他无理的举止，并没有气愤地与他针锋相对，更没有利用自己当前的优势置之于死地，而是心平气和地宽容了他，这是自己不曾具备的气概，他为欧玛尔所折服。

对别人宽容，便是对自己宽容，在包容别人的时候，自己也便从中得到了快乐。

第十章　宽容的人这样做

石坑中的泥沙是山泉水沉积的结果,而一旦将泉道拓宽,水流加速,泥沙也就不会沉积在石坑中了,同理,人如果把心拓宽,心就会变得干净了。一个懂得宽容的人会以德报怨,会原谅生活,更会站在别人的角度思考问题,他们不会用别人的错误来惩罚自己,更不会计旧恶,因为他们的心中常驻光明,又怎么会受黑暗侵蚀呢!

72

要想更好地生活,就要学会原谅生活

人活在这个世界上要学会适应,不要以为你爱这个世界,这个世界就一直很美丽,有的时候它也会心情不好,向你闹个脾气,因此,你要学会原谅,原谅世界上的一切不公平,原谅生活中的一切不如意。

有些人常常抱怨:"我爸妈怎么没钱没势?""老师为什么偏向他?""凭什么他能当班长而我就只能做组长?"……一只手伸出来五个手指还分长短呢,世界上的人怎么可能一样呢?与其去抱怨生活的不公平,不如放平心态,接受一切,并为了改变生活而努力。

腾飞喜欢踢足球,从上学的那会开始,一有时间他就踢着足球到处跑,他最喜欢在球上挥洒汗水的感觉。

工作了以后，腾飞的爱好并没有变，每天下班之后或者周末的时候，他都会去足球俱乐部，与足球黏在一块。去年单位举办了一次足球比赛，他兴致勃勃地报名参加了。

自从报名了以后，腾飞更是一刻不停地刻苦练习。但是，偏偏在比赛的前两天，一次高强度的模拟比赛中，他被队友的一个飞腿踢到，向后退了两步扭伤了脚踝。医生说如果要彻底痊愈至少要一周时间，看来腾飞是无论如何都不能上场了。但是，同事并没有从腾飞的脸上看到丝毫郁闷，相反，在比赛当天，腾飞在观众席中不停地呐喊加油，一场比赛下来，他好像比队员还要累。

同事很奇怪问腾飞："你努力了那么久，却在临比赛的时候扭伤了脚踝，不能上场，你难道不觉得伤心难过吗？"

腾飞笑笑，反问道："难道我需要伤心难过吗？或者我一直愤愤不平诅咒生活，为什么这种倒霉的事情让我碰上了？或者我躲起来自怨自艾？"

腾飞的话很对，愤愤不平有什么用呢？自怨自艾又有什么用呢？既然事情已经发生了，我们不能再重来或者逆转，现在抱怨生活也于事无补了。人生不可逆转，抱怨生活，生活也不会让发生了的事情做任何改变。倒不如原谅生活，成全自己的好心情。

"人有悲欢离合，月有阴晴圆缺，此事古难全。"维纳斯在人们心中是美丽的"女神"，但她却是断臂，也许正是这断掉的胳膊才给了人们无限遐想。生活中并没有完美，更不可能事事都如你所愿，面对生活中的不如意时，难免会沮丧、失望甚至走极端，但这些有什么意义呢？当我们心怀怨恨地看待生活时，物我交融，生活便更让人反感。

一个志向远大的热血青年背着一个大包裹一直在寻找未来，但却总无法实现自己心中的梦想。一天，他碰到了一位远近闻名的高僧，便说出了自己的烦恼。

青年痛苦地说:"大师,我是那样的孤独、痛苦和寂寞,长期的跋涉使我疲倦到极点;我的鞋子破了,荆棘割破双脚;手也受伤了,流血不止;嗓子因为长久的呼喊而变哑……为什么我还不能找到心中的阳光?为什么我离自己的理想还是那么远?"

高僧上下打量着这个青年,突然眼神停在了青年后面的上包裹,于是问他:"你的大包裹里装的什么?"

青年说:"这是个重要的包裹,里面有我每一次跌倒时的痛苦,每一次受伤后的哭泣,每一次孤寂时的烦恼……我一直背前它们前行,我得记住这些教训。"

高僧听到这里,一下子明白了青年的问题出在哪里,他对青年说:"年轻人,请跟我来。"于是他们一起来到一条河边,坐船过了河。上岸后,高僧说:"你现在扛着这条船赶路吧!"

"什么,扛着船赶路?"青年很惊讶,"它那么沉,我扛得动吗?"

"对呀,孩子,你扛不动它。"高僧微笑着说,"当我们过河时,船是有用的;但是,过了河,我们就要放下船去赶路。如果还要扛着船的话,那么它不但没用,反而会变成我们的包袱。像你的包裹中的那些痛苦、孤独、眼泪等,虽然对你的人生很有用,它们可以升华你的生命。但是,如果你一刻也不放下,一直带着,那它们就会成为你的负担。"

青年突然醒悟过来,他向高僧鞠了一躬,丢掉了那个包袱。

高僧看着青年远去的背景,说:"孩子,一路走好吧,生命不能太负重,把那些没用的东西都扔掉吧,你会发现你的未来路原来如此轻松。

痛苦、孤独、眼泪等东西能使我们的人生得到升华,但是如果不把它们放下,就会成为人生的包袱。毕竟,我们不能扛着船赶路;毕竟,生命不能太负重。

如果你心中开始埋怨生活时,说明你已经背上的沉重的包袱,这个包

袱只能越来越重,直到把你压垮。因此,你唯有学会原谅,学会放下,宽容地对待生活中的一切不公与磨难,你才能走得更远,更好。

我没有好看的衣服,但我有幸福的家庭;我没有高级的文具,但我有健康的身体;我没有美味的零食,但我有无人能敌的成绩……即使我什么都没有了,我还有阳光、空气,我还活着,活着就还有机会。当心情低沉、失落时,听一曲悠扬的音乐平复内心的波动;喝一杯香香的奶茶,浇灭心头之火;与家人聊聊天,和朋友说说笑笑,慢慢地心中所有的不快都会随风消散,让你重新焕发精神。

生活中虽然有很多不公平,但他给了每个人平等的机会,这个机会在无形中,如果你一味的抱怨不去寻找的话,那么它也会与你擦肩。生活不是尽善尽美的,生活也不会给你承诺什么,更不可能随着你的主观思想而改变,不过,它看得到你的努力,感受得到你的顽强。学会原谅生活吧,带着一颗快乐地心去寻找机会,扬帆起航。

73

不要拿别人的错误惩罚自己

当你好心地帮助同学来解答问题时,他却怪你多管闲事;比你差很多的人却得到了老师的表扬;明明是别人犯的错,老师却怪在了你头上……生活中,像这一类的事情有很多很多,每一件都让人觉得气愤,怎么有些人总是自以为是呢?怎么有些人总是"拿好心当驴肝肺"呢?怎么有些人总是让人无语呢?

其实,生活不会一直风平浪静,人不可能都像你想的一样生活,"一千个读者就有一千个哈姆雷特"，我们怎么能改变别人的思考问题的方式呢？
如果因为别人犯了错，自己就大发脾气，不但伤了感情，弄僵了关系，还会
使原本就不和谐的人际关系雪上加霜，甚至自己也会因此气出病来，何苦
呢？

古希腊神话中，有一个关于仇恨袋的故事。

赫格利斯是一个威风凛凛的大力士，所向披靡、无人能敌，人们听到他
的名字都会觉得心惊胆战。所以，春风得意的赫格利斯踌躇满志，他一直宣
称自己今生最大的遗憾就是没有对手。

一天，赫格利斯走在一条狭窄的山路上。突然，一个什么东西把他绊了
一个趔趄，险些让他摔倒在地上。赫格利斯很生气，走上前定眼一瞧，原来
脚下躺着一只袋囊，他猛命地踢一脚来泄愤，但是那只袋囊不但纹丝不动，
反而气鼓鼓地膨胀起来。

赫格利斯看到袋囊涨起的样子，像是在向他宣战，于是更加愤怒了，他
挥起拳头又朝袋囊狠狠地一击。但是，袋囊依然一动没动，只是再次迅速地
膨大着。

赫格利斯暴跳如雷，他拾取一根木棒朝袋囊砸个不停，但他越用力，袋
囊就像故意向他示威似地越胀越大，最后把整个山道堵得严严实实。气急
败坏却又无可奈何的赫格利斯累得躺在地上，气喘吁吁。

这时，一位智者走过来，他早已经在旁边观察赫格利斯很久了，见倒在
地上的赫格利斯问："你为什么这样呢？"

赫格利斯懊恼地说："这个东西真可恶，存心跟我过不去，把我的路都
给堵死了。"

智者淡淡一笑，平静地说："朋友，这个袋囊叫'仇恨袋'。如果你不理会
它，或者干脆绕开它，它就不会跟你过不去了。假如你越生气，它就会越胀
越大，所以才会把你的路堵死了！"

这是一个由矛盾组成的社会,人与人之间产生摩擦、误解甚至纠纷、恩怨都是非常正常的事情。然而,当身处这样的境地时,你的心中还装着"仇恨袋"不放的话,生活将会变得一天天沉重起来,到了一定程度时就可能举步维艰了,最后,只会白白赔上自己的美好前程。

人们说:"生气就是拿别人的错误来惩罚自己。"遇到不如意的事,看到不喜欢的人,不如以一颗宽容心去对待,解放自己的"小心眼儿",既不会影响与他人的关系,又使自己得到一个好心情,何乐而不为呢?

生活中,我们气愤的原因正是因为计较的太多,所以才会变得不快乐。人都是自私的,都是以自我为中心的,因此,当别人的行为、言语惹到了你的时候,一种极端的"自尊"便生气了,谁都不能侵犯我的领地,谁都不能违反我的中心,一旦出现相反的现象,便会烦躁、生气甚至产生仇恨。

很久以前,有个妇人,特别喜欢为一些琐碎的小事生气。她也知道自己这样不好,便去求一位高僧为自己谈禅说道,开阔心胸。但是,令她想不到的是,高僧并没有给她谈禅理佛法,而是把她领到一座禅房中,二话没说,锁上禅房大门就离开了。

妇人听到落锁的声音,气得跳脚大骂。她骂了很久很久,也不见高僧到来。于是,妇人又开始哀求,但高僧仍像没听见一样,置若罔闻。大约半天的时间,妇人终于沉默了。

这时,她听到门外有了动景儿,高僧来到门外,问:"您还生气吗?"

妇人无奈地说:"我哪能生您的气呀,我现在在生自己的气,当初想什么来着,怎么会到这地方来受这份罪……"

"连自己都不原谅的人怎么能心如止水?"高僧说完拂袖而去。

又过了一会儿,高僧再次来到门前问:"您还生气吗?"

"不生气了。"妇人回答说。

"为什么?"

"我气也没有办法呀。"

"看来,您的气并未消逝,还压在心里,如果之后爆发将会更加剧烈。"高僧又离开了。

当高僧第三次来到门前,妇人主动说了话:"我不生气了,因为不值得气。"

"您还在计较值不值得,可见心中还有衡量,还是有气根。"高僧笑道。

又过了一会儿后,夕阳已经挂在了天边,当高僧的身影迎着夕阳立在门外时,妇人问高僧:"大师,什么是气根?"

高僧将手中的茶水倾洒于地,妇人视之良久,顿悟,叩谢而去。

妇人终于在高僧那里悟到人生的真理。何苦要生气呢?气是由别人吐出来的,但接到你口里受到伤害的也是你。气轻则让我们感到不太舒服,重则会影响到我们的健康,有时候甚至会威胁到我们的性命。

根据调查,生气诱发人体有害物质的生成,生气的人会肚子胀气,吃不下饭,睡不着觉,气促心跳,血压升高,大多突发性疾病都是由生气而引起的。因此,生气完全就是在折磨自己,那些气你的人也许正在一旁得意呢!你拍桌子、摔东西、又蹦又跳、声嘶力竭,那些无意中令你生气的人也许不知道呢!

因此,当你因为别人的过失而气愤难遏时,你一定要沉得住气,学会包容,劝解自己要冷静,千万别拿别人的错误来惩罚自己。

74

凡事多为别人着想

有一种人，无论做什么，都把自己放在第一位，从来不肯吃亏，哪怕一小点受伤他也会哭天抢地地喊不公平。这样的人自大而自私，凡事争第一，从来不会为别人着想，却常常要求别人为自己着想。

希望别人理解，渴望得到别人认可，是每个人都有的愿望。当别人不理解自己时，自己会觉得委屈、气愤，可是，在生活中你有没有令别人委屈、气愤过呢？回答当然是肯定的。但是，你想过吗，他为什么不理解你？你为什么得不到他人的认可呢？如果再遇到这类事情时，换个角度想一想，多为别人想一想，也许你会得出不同的结论。

布·胡佛是一位著名的试飞员，他常常在航空展览中表演飞行。

一天，胡佛驾驶着一架第二次世界大战时期的螺旋桨飞机，在圣地亚哥航空展览中表演完毕后飞回洛杉矶。可是，当飞机飞行在空中 300 英尺的高度时，引擎突然熄火。凭着熟练的技术，胡佛操纵着飞机着陆，而且没有人受伤，但是飞机严重损坏了。

在迫降之后，胡佛的第一个行动是检查飞机的燃料。他发现，这架螺旋桨飞机里居然装的是不对口的喷气机燃料。

回到机场以后，胡佛找到了为他保养飞机的机械师，那位年轻的机械师已经知道，由于自己的粗心造成了一架非常昂贵的飞机的损失，差一点还使得三个人失去了生命。他为自己所犯的错误而极为难过，正泪流满面。他心想：这位极有荣誉心、事事要求精确的飞行员必然会痛责自己的疏忽。

然而，胡佛轻轻地用手臂抱住了那个机械师的肩膀，对他说："为了显示我相信你不会再犯错误，我决定给你一个机会，明天你再为我保养飞机，好吗？"

年轻的机械师狠狠地点了点头。

人与人之间的关系往往是相互的，与人为善，也是与自己为善。当你用欣赏的眼光看别人时，别人也会向你投来欣赏的眼光；当你用鄙视的眼光看别人时，别人也会向你投来鄙视的眼光。

盛开的鲜花会引来蜜蜂和彩蝶，而发臭的瓜果蔬菜，只能招来苍蝇和蚊子。在空中看城市的话，城市都会映入你的眼睑；多为别人着想的话，你同样会得到更多的收获，自己也会变得更优秀。

有一个人养了一只非常通人性的小狗，他特别喜欢这只小狗，朝夕相处。

有一天，这个人穿了一件白色的外套会见朋友，他和朋友好久没见，聊得很是投机，差点忘了时间。

结果，突然下起了雨。在回家的路上，这个人走得很急，身上溅了很多泥点。

这个人是一个爱干净的人，于是他就把白色的外套脱了，心想：我里面穿得是黑色的衣服，黑色衣服就算是脏了，也不会那么明显的。

到了家门口，这个人刚要进去，狗一下子一直堵在门口冲他"汪汪"地叫着，说什么也不肯让他进门。

这个人特别地生气，大骂道："你这狗东西，连我都不认识了吗？"说着，便拿要起门边的树枝打狗。

这个时候，邻居走过来急忙制止住了他，说道："不要打他，这怨不得狗的。"

这个人很是不解地问道："我和它朝夕相处，对它那么好，它居然不让我进家门，我为啥不该打它。"

邻居说，"早上，你出门时我看到你穿得是白色衣服，而你现在穿得是黑色衣服啊。"

"那又怎样？"

"你要是回来看见家里的黑狗变成白的了，你也会认为它是别人家里的，然后把它赶出去。"邻居说道。

这个人将白色的外套披在身上，果然，狗立刻安静下来，并摇着尾巴跑过来在他身上蹭来蹭去。

小狗之所以冲着自己主人乱叫，是因为它的忠诚，在它的记忆中，主人是穿着白色衣服的人，而一个穿着黑色衣服的人进门，它当然会阻止了。而主人并不了解小狗的想法，不分青红皂白地责怪，甚至还要打忠心的小狗。凡事多为别人着想，是一种换位思考，一种体谅，一种仁慈；是一个人人际交往中必备的道德之一。它会让你赢得更多的朋友，赢得一样的尊重和相同的回报。

聪明的人在欣赏别人的时候，也在悄悄地抬高自己，而愚蠢的人只会看到别人的不足，看不到别人的优点与长处。有的人更是以自我为中心，盲目自大，看不到别人的成绩，听不得别人的成功。这种自私的心理对人际交往是非常有害的，而且还会影响到自己的进步和能力的提高。

75

顾全大局，将"小我"融入"大我"之中

生活中，很多人都在计较个人得失，为了自己的利益而不择手段，结果到头了一事无成。其实，一个真正聪明的人是一个顾大局，把"小我"融在"大我"之中的人。试想一下，每个员工只想着个人利益，而去损害集体利

益,公司利益,结果公司受损而倒闭,最后受损害的是谁呢?班级中的每个学生,都斤斤计较,谁都不愿意值日,学习环境一片混乱,最终受损的人是谁呢?

一个真正忘我之人不会计较个人名利,他们更看中的是自己对其他人更为深远的影响。拥有这种思想境界的人往往都是有大作为的人,这是一种不争之德,一种容人之量,因为这种气概让他们足以立于世界之上。

艾丽和静恩同在一家广告公司做策划,而且两人的私交也不错。

静恩是个爱说爱笑、不拘小节,甚至有点八卦的女孩,办公室里就数她的嗓门儿最大。平时没事儿的时候,她总爱约艾丽一起去逛街、喝咖啡,每每这时她的话匣子便打开了,从家里的小事到公司的决策,都是她的话题,她在心里一直把艾丽当成"自己人"。

但是,与静恩不同的是,艾丽是个极为谨慎的人,她从来没有在静恩面前说过任何亲密的话,也很少对静恩所说的事发表意见。有时候,被静恩问急了,就随便说几句,敷衍了事。这样的日子虽然没什么太大的乐趣,但还算和谐。

事实上,两个人之间关系的好坏,只有遇到"大事"的时候才能显现出来。这天,静恩与艾丽之间便出了问题。

公司策划部的主管临时被调走,职位出现了空缺。经理原本很看好思维活跃、积极主动的静恩,最重要的是静恩在公司人缘也不错,应该是一个很好的领导者。

但是,艾丽得知经理准备把职位给静恩时,她十分不甘心。虽然她跟静恩的关系很好,但她并不认为静恩的能力比自己强,所以现在看到即将升职的静恩,她的心情很难平静下来。突然,她打定了个主意,找到了经理。

艾丽来到经理办公室,把静恩平日里说的那些"闲言碎语"一并抖出来,有些事情原本没什么"影响力",但经过艾丽的"加工"也变得有模有样。

经理听了这些话后，直皱眉头。艾丽看着老板的表情，以为机会成熟了，便力荐自己，说自己是多么适合策划主任这个职位。经理听过后，说自己会仔细斟酌，让艾丽先回去。

几天之后，公司宣布了策划主任的任命，果然不是静恩，但也不是艾丽，而是一个实力远不如她俩的人。对于这样的结果，静恩觉得没什么，但是，艾丽却想不通。

于是，艾丽再次找到了经理办公室，披头盖脸地询问原因。

老板说："职场有竞争，这是必然的。但是，踩着自己的朋友抬高自己，这一点我是不认同的。"

"那为什么你不任命静恩了呢?"

经理严肃地说："静恩的能力我很赞赏，但是她连自己身边的人都疏于防范，被人出卖了都不知道，显然不适合做主管。"

艾丽为了自己的利益而去给经理争论，结果不但损了人，自己也没得到什么好处。人们往往说损人利己是可憎的，可损了人也没利己是不是就有点可怜了呢?

一个出卖国家，出卖信仰的人怎么能堂堂正正地屹立于这个世界之上呢?老子说："……是以圣人后其身而身先;外其身而身存。非以其无私邪?故能成其私。"意思是:圣人谦让退身之后反而能在众人中领先，置自身于度外反而能保全自身生存。不正是因为他无私吗?所以反而能够成就他自身。

"放之四海而皆准"孔子只是一个平民，但他的名声和才学却流传至今，无论哪位学者都把他尊为"圣人"，这是为什么呢?因为孔子就是一位拥有大智慧的人。

真正的智慧是把自己融入民众之中，一个时时计较"小我"是无法立于民众之间，受人敬仰的。从我做起，专心地为人们做事，当成就"大我"之时，"小我"也便成功了。

76

不计旧恶，宽容他人

"金无足赤，人无完人。"这个世界上并没有完美的人，也没有完美的事。每个人都有缺点，哪怕是伟人，也犯过或大或小的错误。我们也常常遇到那些伤人害己的事情，有些人叫嚣着"不争馒头争口气"就开始冲动行事，不顾后果。

其实，在天地之间，你我都是一颗微尘，大自然给我们提供了生活空间，不论是强者还是弱者都拥有自己的生命，拥有生命的尊严是每个人的权利，所以任何人也都有犯错误，与改正错误的权利。如果我们知道了别人的一件恶事，就从此记恨，给人定位，那么我们可能也会错过很多成功的机会。

萧强是一名武警战士，一次在乘车出差中，他看到群人正在抢劫一个老人，老人已经蹲坐在了地上，瑟瑟地发抖。萧强正想冲上去，那个老人却让他的动作停止了，因为这个被抢的人正好是他家的仇人。

这个老人曾经与萧强的父亲一起经商，但后来因为生意不景气，公司不得不宣布破产，但就在宣布破产的前一晚，那个人卷着公司剩下的所有钱跑了。父亲因此一病不起，不久，生病缠身的父亲留下了一大堆债务含恨离开了人世。

还在上中学的萧强对此一直耿耿于怀，他下定决心，一定要找到那个人去报仇。之后，萧强的妈妈把房子卖掉去偿还贷款，他们全家搬回了老家，萧强勉勉强强地读完了中学，为了给家里减轻负担，他不得不放弃了上

高中。为了给父亲报仇，他才报名去做了一名武警。

颤抖的老人让萧强陷入了回忆中，但就在几秒中的停留后，他快步走上前，与歹徒搏斗起来，混乱中，他的胳膊上被歹徒狠狠地划了一刀。但他忍住疼，制服了歹徒，把老人的巨款夺了回来，交给了老人。

老人早已经认出了萧强，他捧着手里的巨款，泪流满面地对萧强说："孩子，我对不起你呀！"说着，突然跪了下来，"我当初那么对你们家，你却不记仇舍命给我夺钱，我真是无地自容呀！"

萧强以一颗宽容的心原谅了仇人，在他的心中，宽容比仇恨更有力量。生活中，谁都有犯错的时候，对于那些已经过去的伤害，我们不能揪住不放，那样最终还是自己受更大的伤害。

我们不能因为同学的成绩好坏来判断他的人品，同样的道理，我们也不能因为他曾经犯过错，就不给他改正的机会，觉得他会一直错下去呀！我们之所以会记住别人那些"黑暗"的过去，是因为我们不会原谅。

一天，小山羊和野猪为争了一块草地打了起来。野猪凭借自己的一对獠牙和一身蛮力，打断了小山羊的一只犄角。小山羊打不过野猪，只好离开了草地，但是它心里燃烧着满腔的怒火。

一天晚上，野猪外出找食物的时候，一不小心碰到了猎人的夹子上，一条腿被夹住了，它挣扎了很长时间，才得以逃脱。野猪整天一瘸一拐地，生活得十分小心，连门也不敢出，总是忧心忡忡，因为它担心小山羊知道它受伤后会跑来报仇。

终于有一天，它担心的事儿发生了。野猪十在饥饿难忍正准备出门到外面找些食物时，远远看到一只断了一只犄角的小山羊从旁边路过。这么长时间没见，小山羊已经一只雄健的大山羊了，它看上去威风凛凛，虽然少了一只犄角，但一点也不影响它的神勇形象。

野猪叹了一口气，它现在已经年迈体衰，如果再打起来怎么能是山羊了敌手呢！想到这儿，它突然跪在了路旁，对山羊说："请看在我年老的份上，饶我一命吧！"

山羊停下脚步，看着眼前的野猪，说："你是谁呀？"

野猪一愣，以为山羊故意这样问的，所以便战战兢兢地把那件事讲了一遍。

山羊听完，面无表情地说："哦，那件事儿呀，你快起来吧，我早已经忘记了！"说完扬长而去。

野猪愣了一会儿，狠狠地抽了自己几个耳光。

俗话说："有仇不报非君子。"如果我们要记仇的话，那生活中太多太多的"仇"需要去记了，一个总生活在怨恨中的人，头脑充满了仇恨，怎么还能装下其他东西呢？

把旧恶忘记，用宽容与仁爱去回报仇家，这样的人才是真正高尚的人，是真正的君子。虽然报仇可以发泄自己心头的愤怒，但是也会因此产生积怨，冤冤相报何时了呢？因此，与其终日生活在仇恨里，还不如把自己从仇恨中解放出来，这样自己就会活得更轻松、自在。

77

记住该记住的，忘记该忘记的

有时候，我们犯了同样的错误时，都会听到一句"记吃不记打"的埋怨，意思是总也记不住教训。但是，如果引申下这句话，仔细琢磨起来似乎很有滋味，"吃"当然要记住，那是一种感恩，我们拥有感恩之心后，会怀着一份快乐的心情去生活；而"打"为什么要记住呢？如果把"打"的怨恨留在心里，

时刻耿耿于怀地生活，那一定会很累。

所以，生活中，总有一些事情需要我们牢记于心头，而像那些被打之后的恨当然要丢在脑后了。至于什么该记住，什么该忘却，才是我们要用心去体会、去分清的。

其实，在人的内心深处，都会"记仇"，只是每个人的处理方法不同而已。阿拉伯著名诗人萨迪说："谁想在困厄中得到援助，就应在平日待人以宽。"记住那些生活所给予我们的恩惠，而那些怨恨，如果记住会成为我们的负担，还不如让它随风吹去。

美国著名的建筑大王凯迪和飞机大王克拉奇感情很好，凯迪有一个十分漂亮的女儿，而克拉奇有个年轻有为的儿子，他们为了让关系继续延续下去，于是不顾子女的强烈反对，撮合他们成了婚。

这两个年轻人的感情不好，经常吵架。后来，凯迪的女儿竟然不幸惨遭杀害，而据警方详细调查后，搜集来的证据都指向克拉奇的儿子。经过审判，法院作出判决，卡拉奇的儿子谋杀罪名成立，被判终身监禁。

令凯迪一家较为恼火的是，克拉奇的儿子在事实面前却从来不承认是自己杀害了凯迪的女儿，而克拉奇也极力地为儿子的罪行拼命奔走上诉，又千方百计，拐弯抹角地不惜重金为凯迪一家做经济补偿，以求得凯迪能到监狱去为儿子说情。而凯迪一想到自己惨死的女儿，就犹如一把钢刀插进心窝，心疼痛难忍，痛斥克拉奇的儿子是罪有应得，埋怨自己当初怎么就看错了人，这令克拉奇很是恼火。

自此，凯迪和克拉奇从秦晋之好变为了敌人，仇恨无情地笼罩在这两个名门望族，他们的内心得不到片刻的平静，再有没有真正地快乐过。他们明争暗斗，结果双方谁也没得到好处，双方都损失惨重。

就这样一年又一年过去了，就在痛苦折磨了他们 20 年之后，事情终于真相大白，凯迪女儿的死根本就和卡拉奇的儿子无关。

这件事在美国激起了轩然大波，面对记者的采访凯迪与克拉奇不约而同都说了同样的话："20多年来，我们所受的心灵上的折磨是用任何金钱也支付不起的！"

"记着别人对我的好，忘记别人对我的坏。"人虽然容易记仇，但有人理智，理智会让人在"忘"与"记"之间做出正确的选择。一个"能忘会记"的人会受到大家的欢迎，获得人们的拥戴。

一生中，我们要结识很多人，经历很多事，但是，不能把所有的人和事都装在脑子中，忘记别人的不足和过错；忘记生活的不公和困苦；忘记自己的荣誉与侮辱……不要刻意去记一个令你仇恨的人，令你反感的事，因为那样你会更累。

记住那些对我们帮助的人，让我们学会感恩；忘记那些有愧于我们的人，那便是宽容。

78

包容不同意见，让你学到更多

我们生活在一个多元的社会中，这个社会有着不同的观念、不同的见解、不同的声音、不同的意见，对于这些不同，我们要以一个博大的胸怀去包容，因为，只有包容更多的"不同"才会充实自己，学到更多。

我们的身边有太多的赞美，太多的表扬时，人自然会飘起来，飘到空中得意扬扬，听不得一点反对意见。就像飞在空中的氢气球一样，遇到一点冷风就会爆炸，最后丢失了自己。

13岁起，杰克·弗雷斯开始在他父母的加油站工作。弗雷斯一心想学修车,但他的父亲却让他在前台接待顾客。

每次,当有汽车开进来时,弗雷斯必须在车子停稳前就站到司机门前,然后去检查油量、蓄电池、传动带、胶皮管和水箱。

刚开始,弗雷斯觉得这样的工作很没有意思。但他很快注意到,如果他干得好的话,顾客大多还会再来。于是弗雷斯总是努力地想多干一些,帮助顾客擦去车身、挡风玻璃和车灯上的污渍。

有一段时间,有一位老太太每周都会开着她的车来加油站清洗和打蜡。弗雷斯觉得这位老太太极难打交道。因为这个车的车内踏板凹陷得很深十分不好打扫,每次弗雷斯把车清洗好后,老太太仔细检查后,总会让弗雷斯再重新打扫一遍,直到清除掉每一缕棉绒和灰尘,她才满意。

有一次,这位老太太又指着车内踏板的灰尘,指责弗雷斯工作不认真。弗雷斯忍无可忍,他实在是不愿意再待候这样一个难缠的顾客了。

但是,弗雷斯的父亲告诫他说:"孩子,记住,这就是你的工作!不管顾客说什么或做什么,你都要记住做好你的工作,并以应有的礼貌去对待顾客。要知道,一些难缠的顾客,往往是指引你不断进步的上帝。"

父亲的话让弗雷斯深受震动,多年以后弗雷斯成为了美国独立企业联盟主席。在就职演讲中,弗雷斯说:"多年来,我从来没有忘记过父亲的话,是他让我懂得了严格的职业道德和感激每一个顾客的道理,这些在我的职业生涯中起到了非常重要的作用。"

每个人都有自己的长处和短处,都有他阴暗和闪光的一面。假如我们把耳朵堵上,只生活在自己的世界中,那么阴暗就会一点点地扩大,最后把闪光的一面也吞噬掉。"兼听则明,偏听则暗。"听不进反对意见的人,就像生活在井底的小青蛙一样,在它的世界中,天空永远是井口大的一片地方。

父母、老师都是我们的领路人,他们以自己的经验帮助我们照亮前进的路,有些孩子听不得批评,每当父母或者老师提出他身上的缺点时,他便会蛮横起来,甚至无理取闹。好孩子不都是夸出来的呀,本来现在孩子都会以自我为中心,如果还容不得一点反对意见的话,那么他们只能在偏激中成长,将来遇到一点挫折,就会像氢气球一样炸掉,后果不堪设想。

对于别人的反对意见,我们可以采取"有则改之,无则加勉。"的态度,却认真地听取。每次听到反对意见后,反思一下自己,也不必要太过自责,如果错了就要马上改正,改正后那些错误便是过去的事情,而现在的你则向完美走近了一步。